KATALOG

1947—1961

Zweite Ergänzung

2. Halbjahr 1963

und

1. Halbjahr 1964

A K A D E M I E - V E R L A G

GMBH

B E R L I N

In der ZWEITEN ERGÄNZUNG zum KATALOG 1947—1961 sind die Angaben für alle Titel, Neuauflagen und Nachdrucke des 2. Halbjahres 1963 und des 1. Halbjahres 1964 aufgenommen, soweit sie nicht schon im Gesamtverzeichnis enthalten sind.

Der KATALOG 1947—1961 gibt zusammen mit der ERSTEN und ZWEITEN ERGÄNZUNG einen vollständigen Überblick über unser Verlagsschaffen von 1947 bis 30. 6. 1964. Auf Wunsch wird der KATALOG 1947—1961 und die erste Ergänzung nachgeliefert.

Bei vergriffenen Titeln sind die Verkaufspreise eingeklammert. Nachdrucke erfolgen, wenn eine angemessene Anzahl von Bestellungen beim Verlag vorliegt.

Die in eckigen Klammern [ ] aufgenommenen Zahlen entsprechen der EINHEITSSYSTEMATIK des Börsenvereins der Deutschen Buchhändler zu Leipzig. Ein vollständiges Verzeichnis der EINHEITSSYSTEMATIK befindet sich im Anhang zum KATALOG 1947—1961 und kann auch als Sonderdruck beim Börsenverein angefordert werden.

INHALTSÜBERSICHT

Teil I: Gesamtverzeichnis, in alphabetischer Folge nach dem Namen des Autors, Herausgebers, der Schriftenreihe usw.

Teil II: Fortsetzungswerke und Schriftenreihen in alphabetischer Folge nach dem Reihentitel und in der Folge des Erscheinens

Teil III: Zeitschriften und Beihefte in alphabetischer Folge

BEZUGSMÖGLICHKEITEN:

Sämtliche Veröffentlichungen unseres Verlages sind durch jede Buchhandlung zu beziehen. Falls keine Bezugsmöglichkeit durch eine Buchhandlung vorhanden ist, wenden Sie sich bitte

in der Deutschen Demokratischen Republik
an den Akademie-Verlag, Berlin W 8, Leipziger Straße 3—4

in Westdeutschland
an die Auslieferungsstelle, Firma KUNST UND WISSEN
Erich Bieber, Stuttgart S, Wilhelmstraße 4—6

in Österreich
an den Globus-Buchvertrieb, Wien I, Salzgries 16

bei Wohnsitz im übrigen Ausland
an den Deutschen Buch-Export und -Import, GmbH, Leipzig C 1, Postschließfach 276, oder direkt an den AKADEMIE-VERLAG GMBH, Berlin W 8, Leipziger Straße 3—4, Fernruf 22 04 41, TELEX 011 773

Zweite Ergänzung zum Katalog 1947-1961

I

GESAMTREGISTER

in alphabetischer Folge nach dem Namen
des Autors, des Herausgebers, der Schriftenreihe usw.

Außerhalb der Schriftenreihen erschienene Titel sind im Druck besonders hervorgehoben und die bibliographischen Angaben beigefügt.

Für die innerhalb der Schriftenreihen erschienenen Titel enthält der Teil I nur Hinweise auf den Teil II, der die vollständigen Angaben enthält.

Bei vergriffenen Titeln sind die Verkaufspreise eingeklammert.
Nachdrucke erfolgen, wenn eine angemessene Anzahl Bestellungen vorliegt.
Vormerkungen beim Verlag

ABKÜRZUNGEN

Hrsg. v. = Herausgegeben von
Abb. = Abbildungen
Tab. = Tabellen
S. = Seiten
Taf. = Tafelseiten
g = Gewicht in Gramm

FORMATANGABEN (HÖHE)

Unter 10 cm in Zentimetern
über 10 bis 18,5 cm = kl. 8°
über 18,5 bis 22,5 cm = 8°
über 22,5 bis 25 cm = gr. 8°
über 25 bis 35 cm = 4°
über 35 bis 45 cm = 2°
über 45 cm in Zentimetern

	Bestell-Nr.	DM
Adlung, Alfred: Über die Ausbreitung von Zentimeter- und Dezimeterwellen in der bodennahen Luftschicht (Abhandlg. d. Met. u. Hydrol. Dienstes / Teil II, S. 5)	2023/70	25,–
Alavi, Bozorg: Geschichte und Entwicklung der modernen persischen Literatur (Iranische Texte u. Hilfsbücher / Teil II, S. 12)	2117/5	48,–
Altenberg, Um-, Geising und Lauenstein (Werte der deutschen Heimat / Teil II, S. 29)	2084/7	12,50
Andrusov, Dimitrij: Geologie der tschechoslowakischen Karpaten In Arbeitsgemeinschaft m. d. Verlag d. Slowakischen Akademie der Wissenschaften, Bratislava (Übersetzung aus dem Slowakischen; wiss. Redaktion Adolf Watznauer) **Band I** – 1964. 263 S. – 92 Abb., dav. 6 auf 5 Falttaf. – 2 Tab. – 1 farb. Abb. – gr. 8° – 720 g – [18 F] – Ganzleinen (Vertrieb nur in der DDR und DBR)	8022/I	46,50
Anselm, A. I.: Einführung in die Halbleitertheorie (Übersetzung aus dem Russischen; in dt. Spr. hrsg. von Hans Neumann) 1964. XIII, 405 S. – 90 Abb. – 4 Tab. – gr. 8° – 720 g – [18 B 6, 7] – Ganzleinen	5546	44,–

	Bestell-Nr.	DM
Arbeitstagung vom 21.–25. Mai 1960, Biochemie und Physiologie der Alkaloide (2. Tagung) (Abhandlg. d. DAdW zu Berlin, Kl. f. Chemie, Geologie u. Biologie / Teil II, S. 2)	2001/63/II/4	39,–
Arnold, Kurt: Die Freiluftanomalien im europäischen Bereich (Veröffentl. d. Geodät. Inst. / Teil II, S. 25)	2016/25	25,–
Aspirations-Psychrometer-Tafeln. Herausgegeben vom Deutschen Wetterdienst (Lizenzausgabe des Verlages Friedrich Vieweg & Sohn, Braunschweig) 4., erweiterte Auflage 1963. XX, 194 S. – 4° – 1110 g – [18 E 3] – Lederin	5193	48,–
Aus der Frühgeschichte der deutschen Arbeiterbewegung (Schriften d. Inst. f. Gesch., Reihe I / Teil II, S. 18)	2083/I/1	19,–
Ausscheidungsvorgänge in Legierungen (Über wiss. Grundlagen d. modernen Technik / Teil II, S. 25)	2104/A/8/64	46,–
Baetke, Walter: Yngvi und die Ynglinger (Sitzungsber. d. SAdW zu Leipzig, phil.-hist. Kl. / Teil II, S. 22)	2026/109/3	11,70
Baktay, Ervin: Die Kunst Indiens (Übersetzung aus dem Ungarischen; Bearb. d. dt. Ausgabe: Heinz Kucharski) In Arbeitsgemeinschaft m. d. Verlag d. Ungarischen Akademie der Wissenschaften, Budapest 1963. 494 S. – 444 Abb. – 6 Farbtaf. – 4° – 2135 g – [12 C 2] – Ganzleinen Vertrieb nur in der DDR	5544	75,–
Baumgärtel, Hellmut: Einige Bemerkungen zur Differentialgleichung X'(t) = P(t) X(t) für Operatorfunktionen (Abhandlg. d. DAdW zu Berlin, Kl. f. Math., Physik u. Technik / Teil II, S. 2)	2001/64/I/5	3,80
Baumgarten, Karl: Hof und Wirtschaft der Ribnitzer Bauern (Veröffentl. d. Inst. f. dt. Volkskunde / Teil II, S. 27)	2034/31	43,–
Behr, Hans-Jürgen: Die Korngefügefazies der Zweigürteltektonite im Kristallinen Grundgebirge Sachsens (Abhandlg. d. DAdW zu Berlin, Kl. f. Bergbau, Hüttenwesen u. Montangeologie / Teil II, S. 3)	2001/64/III/1	7,80
Behrens, Fritz: Zur Definition und Messung der Arbeitsproduktivität (Sitzungsber. d. DAdW zu Berlin, Kl. f. Philosophie, Geschichte, Staats-, Rechts- u. Wirtschaftswiss. / Teil II, S. 22)	2010/63/VI/3	1,95
Behrens, Ulrich: Mikrobielle Polysaccharide (WTB, Reihe Chemie / Teil II, S. 30)	7019	8,–
Beier, Max: Ordnung Pseudoscorpionidea (Afterskorpione) (Bestimmungsbücher zur Bodenfauna Europas / Teil II, S. 8)	2114/1	69,–
Beiträge zur Geschichte des religiösen und wissenschaftlichen Denkens (Schriftenreihe / Teil II, S. 7)		
Beiträge zur Geschichte der Slawistik (Veröffentl. d. Inst. f. Slawistik / Teil II, S. 28)	2040/30	98,–
Beiträge zur regionalen Geologie Thüringens und angrenzender Gebiete sowie zu anderen Problemen (Abhandlg. d. DAdW zu Berlin, Kl. f. Bergbau, Hüttenwesen u. Montangeologie / Teil II, S. 3)	2001/64/III/2	96,–
Bendz, Gerhard: Frontin – Kriegslisten (Schriften u. Quellen d. Alten Welt / Teil II, S. 19)	2066/10	22,–
Bentzien, Ulrich: Hof und Wirtschaft der Ribnitzer Bauern (Veröffentl. d. Inst. f. dt. Volkskunde / Teil II, S. 27)	2034/31	43,–
Bereis, Rudolf: Darstellende Geometrie I (Math. Lehrbücher u. Monographien / Teil II, S. 14)	5530/I	35,–

Bestell-Nr. DM

Berg, Hermann: Die Polarographie in der Chemotherapie, Biochemie und Biologie
(Abhandlg. d. DAdW zu Berlin, Kl. f. Chemie, Geologie u. Biologie / Teil II, S. 2) 2001/64/II/1 100,--

Bericht über das 4. Ländertreffen des Internationalen Büros für Gebirgsmechanik
(Abhandlg. d. DAdW zu Berlin, Kl. f. Bergbau, Hüttenwesen u. Montangeologie / Teil II, S. 3) 2001/63/III/3 51,50

Bericht über die Vakuummetallurgische Arbeitstagung der Sektion für Hüttenwesen in Freiberg/Sachsen am 11. u. 12. Mai 1962
(Abhandlg. d. DAdW zu Berlin, Kl. f. Bergbau, Hüttenwesen u. Montangeologie / Teil II, S. 3) 2001/63/III/2 23,–

Beševliev, Veselin: Spätgriechische und spätlateinische Inschriften aus Bulgarien
(Berliner Byzantinistische Arbeiten / Teil II, S. 8) 2065/30 108,–

Beyer, Wilhelm Raimund: Hegel-Bilder.
Kritik der Hegel-Deutungen
1964. 283 S. – 8° – 500 g – [3 B 2, 3] – Ganzleinen 5543 24,50

Bielfeldt, Hans Holm: Beiträge zur Geschichte der Slawistik
(Veröffentl. d. Inst. f. Slawistik / Teil II, S. 28) 2040/30 98,–

–, –: Russisch-deutsches Wörterbuch
(Veröffentl. d. Inst. f. Slawistik, Sonderr. Wörterbücher / Teil II, S. 28) 2040–S 2 29,–

Bierwisch, Manfred: Grammatik des deutschen Verbs
(Studia Grammatica / Teil II, S. 23) 2115/2 (12,–)

Blumenthal, Lieselotte: Schillers Dramenplan „Die Prinzessin von Zelle"
(Abhandlg. d. SAdW zu Leipzig, phil.-hist. Kl. /Teil II, S. 5) 2024/56/2 12,30

Brednow, Walter: Christoph Wilhelm Hufeland, Arzt und Erzieher im Lichte der Aufklärung
(Sitzungsber. d. SAdW zu Leipzig / Teil II, S. 23) 2027/105/6 1,65

Brinkhurst, Ralph O.: Taxonomical Studies on the Tubificidae (Annelida, Oligochaeta)
(Beiheft z. Zeitschrift „Internationale Revue d. ges. Hydrobiol." / Teil III) 1071/B 2 20,50

Brockmeier, Peter: Darstellungen der französischen Literaturgeschichte von Claude Fauchet bis Laharpe
(Schriftenreihe z. Gesch. d. dt. u. franz. Aufklärung / Teil II, S. 19) 2080/17 29,–

Buchheim, Wolfgang: Zur Theorie der geoelektrischen Erkundungsmethodik und Systematik der geoelektromagnetischen Effekte
(Sitzungsber. d. SAdW zu Leipzig / Teil II, S. 23) 2027/105/5 4,30

Bürgermeister, Gustav / Herbert Steup / Horst Kretzschmar: Stabilitätstheorie mit Erläuterungen zu den Knick- und Beulvorschriften
Teil II: Stabilitätsproblem, Spannungsproblem, Durchlaufende Stäbe – Stabwerke – Bogenträger – Platten – Schalen – Versuche
1963. XII, 402 S. – 196 Abb. – 6 Taf., dav. 1 Falttaf. – gr. 8° – 900 g – [20 C 4] – Lederin 5241/II 35,50

Byzantinistische Beiträge
(Deutsche Historiker Gesellschaft / Teil II, S. 8) 5542 56,–

Chemiefaser-Symposium 1962
(Abhandlg. d. DAdW zu Berlin, Kl. f. Chemie, Geologie u. Biologie / Teil II, S. 2) 2001/63/II/1 95,–

Chromow, Boris Michailowitsch: Kombinierte Strahlenschädigungen
(Übersetzung aus dem Russischen; in dt. Spr. hrsg. von Ernst Wilhelm Dörffel)
1964. VIII, 317 S. – 81 Abb. – 5 Tab. – gr. 8° – 750 g – [17 A, R, E] – Lederin 5545 38,–

Cross, F. L.: Studia Evangelica, Vol. II
(Texte u. Untersuchungen z. Gesch. d. altchristl. Lit. / Teil II, S. 24) 2030/30/I 81,–

	Bestell-Nr.	DM
Diabetische Angiopathie (Abhandlg. d. DAdW zu Berlin, Kl. f. Medizin / Teil II, S. 4)	2001/64/IV/3	79,–
David, Heinz: Submikroskopische Ortho- und Pathomorphologie der Leber Mit einem Geleitwort von L.-Heinz Kettler 2 Bände in Deutsch – Englisch – Russisch 1. Band – Text. 1964. 412 S. – 2. Band – Atlas. 1964. 296 S. – 361 Abb. – Beide Bände gr. 8° – 1800 g – [17 D, E, F] – Lederin Vertrieb nur in der DDR	5490	198,–
Drodowsky, Manfred: Grundlagen der Verhüttung eisenhaltiger Verbrennungsrückstände ostelbischer Braunkohlen und ihre Bedeutung für das Niederschachtofenverfahren in der DDR (Sitzungsber. d. DAdW zu Berlin, Kl. f. Bergbau, Hüttenwesen u. Montangeologie / Teil II, S. 21)	2010/63/III/2	4,80
Dornberger-Schiff, Käte: Grundzüge einer Theorie der OD-Strukturen aus Schichten (Abhandlg. d. DAdW zu Berlin, Kl. f. Chemie, Geologie u. Biologie / Teil II, S. 2)	2001/64/II/3	35,–
Eichler, Ernst: Namen deutscher Städte (WTB, Reihe Sprachwissenschaft / Teil II, S. 30)	7010	8,–
Emissionsspektroskopie (Physikal. Gesell., Tagungen / Teil II, S. 16)	5527	78,–
Emmrich, Rolf: Zur Problematik der Leberzirrhose (Sitzungber. d. SAdW zu Leipzig, math.-nat. Kl. / Teil II, S. 23)	2027/106/3	1,85
Engelberg, Ernst: Der umfassende Aufbau des Sozialismus und die Aufgaben der Historiker (Vorträge u. Schriften / Teil II, S. 29)	2003/89	1,50
Eugippius – Das Leben des heiligen Severin (Schriften u. Quellen d. Alten Welt / Teil II, S. 19)	2066/11	22,50
Fabiunke, Günter: Martin Luther als Nationalökonom (Schriften d. Inst. f. Wirtschaftswiss. / Teil II, S. 18)	2071/15	19,–
Falkenhagen, Hans: Einige Forschungsergebnisse aus dem Institut für theoretische Physik der Universität Rostock (Sitzungsber. d. DAdW zu Berlin, Kl. f. Chemie, Geologie u. Biologie / Teil II, S. 20)	2010/64/II/2	3,30
Faltin, Hans: Technische Wärmelehre Berichtigter Nachdruck der 4., erweiterten Auflage 1964. XII, 430 S. – 244 Abb. – 11 Taf. – 23 Tab. – 157 S. Aufgabensammlung im Anhang – gr. 8° – 1345 g – [20 C 1] – Lederin	5397	23,–
Fey, Peter: Informationstheorie (Elektronisches Rechnen u. Regeln / Teil II, S. 10)	5507	27,–
Fischer, Rudolf: Namen deutscher Städte (WTB, Reihe Sprachwissenschaft / Teil II, S. 30)	7010	8,–
Fleischer, Wolfgang: Die deutschen Personennamen (WTB, Reihe Sprachwissenschaft / Teil II, S. 30)	7020	12,50
Flemming, Günther: Das Klima an Waldbestandsrändern (Abhandlg. d. Met. u. Hydrol. Dienstes d. DDR / Teil II, S. 6)	2023/71	23,–
Fraenger, Wilhelm: Jacob Grimm zur 100. Wiederkehr seines Todestages (Veröffentl. d. Inst. f. dt. Volkskunde / Teil II, S. 27)	2034/32	25,–
Franko, Ivan: Beiträge zur Geschichte und Kultur der Ukraine (Quellen u. Studien z. Geschichte Osteuropas / Teil II, S. 17)	2087/14	48,–
Fritze, Klaus: Untersuchungen zur lichtelektrischen Photometrie enger Doppelsterne (Veröffentl. d. Sternwarte in Babelsberg / Teil II, S. 25)	2077/12	6,30

	Bestell-Nr.	DM
Frölich, Friedrich: Der physikalische Zustand der Gesteine und seine Auswirkungen auf das magnetische Verhalten der Erdkruste – Die Bedeutung phänomenologischer Betrachtungen für die Interpretation gesteinsmagnetischer Untersuchungsergebnisse (Abhandlg. d. Geomagn. Inst. Potsdam / Teil II, S. 5)	2009/34	47,50
Frühauf, Hans: Vom Wesen der Information, der Informationsverarbeitung, -Übertragung und -Aufnahme (Sitzungsber. d. DAdW zu Berlin, Kl. f. Math., Physik u. Technik / Teil II, S. 20)	2010/63/I/2	3,10
Frontin – Kriegslisten (Schriften u. Quellen d. Alten Welt / Teil II, S. 19)	2066/10	22,–
Fukarek, Franz: Pflanzensoziologie (WTB, Reihe Biologie u. Landwirtschaftswiss. / Teil II, S. 30)	7014	8,–
Galen: Über das Riechorgan (Corpus medicorum Graecorum / Teil II, S. 8) Br. 49,–	2028/10 Gln.	53,50
Geißler, Friedmar: Anton von Pforr – Das Buch der Beispiele der alten Weisen (Veröffentl. d. Inst. f. Orientforsch. / Teil II, S. 27)	2013/61	32,50
Geppert, Gerhard: Experimentelle Methoden der Molekülspektroskopie (WTB, Reihe Chemie / Teil II, S. 30)	7013	8,–
Gerecke, Friedrich: Seismische Registrierungen (Veröffentl. d. Inst. f. Bodendynamik u. Erdbebenforsch. i. Jena / Teil II, S. 26)		
Gernentz, Hans Joachim: Niederdeutsch – gestern und heute (WTB, Reihe Sprachwissenschaft / Teil II, S. 30)	7015	12,50
Gersch, Manfred: Hormone als Regulatoren von Lebensvorgängen (Sitzungsber. d. SAdW zu Leipzig, math.-nat. Kl. / Teil II, S. 23)	2027/106/2	2,50
Gleichberggebiet, Das – (Werte der deutschen Heimat / Teil II, S. 29)	2084/6	16,50
Gothan, Walther / Hermann Weyland: Lehrbuch der Paläobotanik 2. neu bearbeitete u. erweiterte Auflage von Hermann Weyland 1964. 594 S. – 339 Abb. i. Text – 201 Abb. auf 29 Kunstdrucktaf. – 4 Tab., dav. 2 Falttab. – gr. 8° – 1200 g – [18 G 2/18 F 4] – Ganzleinen	5106	**70,–**
Grafe, Armin: Die Bedeutung der Abweichungen geomagnetischer Tagesmittel vom sogenannten Normalwert für die Analyse des geomagnetischen Ringstromeffektes (Abhandlg. d. Geomagn. Inst. Potsdam / Teil II, S. 5)	2009/31	51,–
Green, M. M.: A Descriptive Grammar of Igbo (Veröffentl. d. Inst. f. Orientforsch. / Teil II, S. 27)	2013/53	68,–
Grimm, Jacob – zur 100. Wiederkehr seines Todestages (Veröffentl. d. Inst. f. dt. Volkskunde / Teil II, S. 27)	2034/32	25,–
Grundriß der Geschichte der deutschen Arbeiterbewegung Französische Ausgabe: Précis de l'Histoire du Mouvement ouvrier allemand 2., überarbeitete Auflage 1964. 203 S. – 8° – 285 g – [5 C 4/6 B 6]	5521 B	**8,–**
Grosse, Rudolf: Die mitteldeutsch-niederdeutschen Handschriften des Schwabenspiegels in seiner Kurzform (Abhandlg. d. SAdW zu Leipzig, phil.-hist. Kl. / Teil II, S. 5)	2024/56/4	12,–
Guhr, Günter: Heirat und Verwandtschaftssystem bei den Aranda in Zentralaustralien (Abhandlg. u. Ber. d. Staatl. Museums f. Völkerkunde Dresden / Teil II, S. 6)	2108/23	19,20
Gundermann, Erich: Chemie und Technologie des Braunkohlenteers (WTB, Reihe Chemie / Teil II, S. 30)	7012	8,–

	Bestell-Nr.	DM
Härtig, Helmut: Wesen und Bedeutung des Tagebaues, sein Stand und seine Entwicklung (Sitzungsber. d. DAdW zu Berlin, Kl. f. Bergbau, Hüttenwesen u. Montangeologie / Teil II, S. 21)	2010/63/III/4	4,10
Hagedorn, Rolf: Introduction to Field Theory and Dispersion Relations (5. Sonderband d. Fortschritte d. Physik / Teil III)	5501	21,–
Hamann, Richard: Geschichte der Kunst Band I: Von der Vorgeschichte bis zur Spätantike Nachdruck. 1963. 994 S. – 966 Abb. – 18 mehrfarb. Taf. – gr. 8° – 2230 g – [12 C] – Ganzleinen	5157/I	36,50
Hempel, Eberhard: Goethe zur Aufgabe der Kunstgeschichte (Sitzungsber. d. SAdW zu Leipzig, phil.-hist. Kl. / Teil II, S. 23)	2026/109/5	1,65
Hentschel, Walter: Die Alte Börse in Leipzig und ihr Architekt (Abhandlg. d. SAdW zu Leipzig, phil.-hist. Kl. / Teil II, S. 5)	2024/57/4	6,35
Hering, Wolfgang: Die Recensio der Caesarhandschriften (Schriften d. Sektion f. Altertumswiss. / Teil II, S. 17)	2067/41	37,–
Hilbig, Harald: Existenzsatz für begrenzte Potentialströmungen mit Totwasser um ein vorgegebenes Hindernis (Sitzungsber. d. SAdW zu Leipzig, math.-nat. Kl. / Teil II, S. 23)	2027/105/7	5,20
Holdt, Gottfried: Emissionsspektroskopie (Physikal. Gesell., Tagungen / Teil II, S. 16)	5527	78,–
Horálek, K.: Beiträge zur Geschichte der Slawistik (Veröffentl. d. Inst. f. Slawistik / Teil II, S. 28)	2040/30	98,–
Hürnheim, Hiltgart von: Mittelhochdeutsche Prosa (Deutsche Texte d. Mittelalters / Teil II, S. 9)	2012/LVI	61,–
Igwe, G. E.: A Descriptive Grammar of Igbo (Veröffentl. d. Inst. f. Orientforsch. / Teil II, S. 27)	2013/53	68,–
Institut für Kulturpflanzenforschung, Das – der Deutschen Akademie der Wissenschaften zu Berlin, Gatersleben 1964. 62 S. – 27 Abb. – 1 Faltkarte – gr. 8° – 165 g – [22 D] –	5556	6,–
Ippen, Rudolf: Vergleichende pathologische Untersuchungen über die spontane und experimentelle Tuberkulose der Kaltblüter (Abhandlg. d. DAdW zu Berlin, Kl. f. Medizin / Teil II, S. 3)	2001/64/IV/1	23,50
Irmscher, Johannes: Byzantinistische Beiträge (Deutsche Historiker Gesellschaft / Teil II, S. 9)	5542	56,–
Ising, Gerhard: Die Niederdeutschen Bibelfrühdrucke, Bd II (Deutsche Texte d. Mittelalters / Teil II, S. 9) Br. 67,–	2012/LIV/II Gln.	71,–
Jackisch, Gerhard: Mikrovariabilität und Zustandsgrößen von hellen Sternen (Veröffentl. d. Sternwarte Sonneberg / Teil II, S. 25)	2006/V/5	15,–
Jahn, Johannes: Die Erschließung der Bildwerke des Naumburger Meisters (Sitzungsber. d. SAdW zu Leipzig, phil.-hist. Kl. / Teil II, S. 23)	2026/109/4	1,70
Jahrbuch des Museums für Völkerkunde zu Leipzig, Band XX/1961 (Veröffentl. d. Museums für Völkerkunde z. Leipzig / Teil II, S. 28)	2085/II/6	41,–
Jander, Gerhart / Hans Spandau / C. C. Addison: Chemie in nichtwäßrigen, ionisierenden Lösungsmitteln Band IV: Chemie in niederen Fettsäuren und ihren Derivaten (Lizenzausgabe des Verlages Vieweg & Sohn, Braunschweig) 1963. XV, 313 S. – 112 Abb. – 109 Tab. – gr. 8° – 770 g – [18 C 5] – Lederin Vertrieb nur in der DDR und den Ländern der Volksdemokratie	8016/IV	48,–
Jante, Alfred: Die Grundlagen der Fahrstabilität (Abhandlg. d. DAdW zu Berlin, Kl. f. Math., Physik u. Technik / Teil II, S. 1)	2001/63/I/4	10,30

Bestell-Nr. DM

Jonas, Wolfgang: Die Lage der Arbeiter in der Baumwollindustrie Shanghais, insbesondere in den englischen Fabriken
(s. Kuczynski)

–, –: Über Probleme der Geschichte der Produktivkräfte
(Sitzungsber. d. BAdW zu Berlin, Kl. f. Philisophie, Geschichte, Staats-, Rechts- u. Wirtschaftswiss. / Teil II, S. 22) 2010/64/VI/2 1,50

Jorke, Dietfried: Die Lymphoidzellen des Blutes
(Hämatologie und Bluttransfusionswesen / Teil II, S. 11) 2116/2 50,–

Jubiläumsheft zur 50. Wiederkehr des Gründungstages des Geophysikalischen Instituts und zur 30. Wiederkehr des Gründungstages des Geophysikalischen Observatoriums Collm der Karl-Marx-Universität, Leipzig
(Veröffentl. d. Geophys. Inst. d. Karl-Marx-Univ. Leipzig / Teil II, S. 26) 2018/XVIII/1 12,–

Kämmerer, Wilhelm: Ziffernrechenautomaten
(Elektronisches Rechnen u. Regeln / Teil II, S. 10) 5356 34,–

Kästner, Siegfried: Vektoren, Tensoren, Spinoren
Eine Einführung in den Tensorkalkül unter Berücksichtigung der physikalischen Anwendung
2., verbesserte Auflage
1964. XII, 316 S. – 27 Abb. – gr. 8° – 745 g – [19 B 4] – Ganzleinen 5383 38,–

Kashdan, Alexander: Byzanz
(Lebendiges Altertum / Teil II, S. 14) 2095/16 8,50

Kennziffern der Landwirtschaft
(Mitteilungsbl. z. volkswirtsch. Fragen / Teil II, S. 15) 2092/III/2 (7,–)

Kirchner, P.: Ivan Franko – Beiträge zur Geschichte und Kultur der Ukraine
(Quellen u. Studien z. Gesch. Osteuropas / Teil II, S. 17) 2087/14 48,–

Klare, Hermann, unter Mitarbeit von Ehrhard Fritzsche und Volker Gröbe: Synthetische Fasern aus Polyamiden
– Technologie und Chemie –
1963. XII, 540 S. – 317 Abb. – 34 Tab. – 1 Falttab. – gr. 8° – 1260 g – [20 O 2] – Ganzleinen 5483 63,–

Klein, Fritz: Es begann in Sarajevo
1964. 84 S. – 8 ° – 110 g – [14 D/E] 5564 1,80

Knobloch, Eduard: Physikalisch-chemische Vitaminbestimmungsmethoden
(Übersetzung aus dem Tschechischen; vom Autor wesentlich ergänzte u. neubearbeitete Ausgabe)
1963. XXVI, 618 S. – 132 Abb., dav. 18 auf 8 einfarb. u. 1 mehrfarb. Taf. – 97 Tab. – gr. 8° – 1275 g – [18 C 2, 3, 5/20 M] – Ganzleinen 5472 75,–

König, Erika: Vom Revisionismus zum „demokratischen Sozialismus"
(Schriften d. Inst. f. Wirtschaftswiss. / Teil II, S. 18) 2071/16 16,–

Kollesch, Jutta: Galen – Über das Riechorgan
(Corpus medicorum Graecorum / Teil II, S. 8) Br. 49,– 2028/10 Gln. 53,50

Kolman, Arnošt: Bernard Bolzano. Mit einem Anhang Bernard Bolzano: Rein analytischer Beweis des Lehrsatzes, daß zwischen je zwei Werten, die ein entgegengesetztes Resultat gewähren, wenigstens eine reelle Wurzel der Gleichung liege
(Übersetzung aus dem Russischen; die dt. Ausgabe wurde von Alfred Händel u. Günther Höpfner besorgt)
1963. VII, 244 S. – 19 Abb. – 8° – 450 g –[3 B 2/19 B 1] – Halbleinen 5514 17,50

Kolonialismus und Neokolonialismus in Nordafrika und Nahost
(Studien z. Kolonialgesch. u. Gesch. d. nat. u. kolon. Befreiungsbewegung / Teil II, S. 23) 2091/10/11 35,–

	Bestell-Nr.	DM
Kraatz, Helmut: Medizin als Naturwissenschaft (Sitzungsber. d. DAdW zu Berlin, Kl. f. Medizin / Teil II, S. 21)	2010/63/IV/2	6,–
Kroeber, Rudi: Der Prediger (Schriften u. Quellen d. Alten Welt / Teil II, S. 19)	2066/13	31,50
Krüger, Horst: Rabindranath Tagore und die revolutionäre Befreiungsbewegung in Indien 1905–1918 (Sitzungsber. d. DAdW zu Berlin, Kl. f. Sprachen, Lit. u. Kunst / Teil II, S. 22)	2010/64/V/2	3,35
Krutzsch, Wilfried: Gliederung und Parallelisierung der Ablagerungen des höheren Eozäns und des tieferen und mittleren Oligozäns in West- und Mitteleuropa und die Lage der Eozän/Oligozän-Grenze in diesem Gebiet (Beiheft zur Zeitschrift „Geologie" / Teil III)	1022/B 39	9,30

Kuczynski, Jürgen: Die Geschichte der Lage der Arbeiter unter dem Kapitalismus
Teil I: Die Geschichte der Lage der Arbeiter in Deutschland von 1789 bis zur Gegenwart
Band 7: Darstellung der Lage der Arbeiter in Westdeutschland seit 1945
Bd a: 1963. VIII, 435 S. – gr. 8° – 875 g – Ganzleinen
Bd b: 1963. V, 299 S. – gr. 8° – 660 g – Ganzleinen

Beide Bände zusammen [14 D]	5362/7	59,50
Band 22: Darstellung der Lage der Arbeiter in England von 1640–1760 1964. VIII, 292 S. – gr. 8° – 680 g – [14 D, F] – Ganzleinen	5362/22	24,50
Band 28 – Chung-Ping Yen / Jürgen Kuczynski / Wolfgang Jonas: Die Lage der Arbeiter in der Baumwollindustrie Shanghais, insbesondere in den englischen Fabriken 1964. IX, 255 S. – 5 Abb. – gr. 8° – 600 g – [14 D, F] – Ganzleinen	5362/28	21,80
–, –: Über einige Probleme der Ausbildung und Bildung des Wissenschaftlers (Vorträge u. Schriften / Teil II, S. 28)	2003/86	1,50
Kühn-Archiv (Zeitschrift / Teil III)		
Kunz, Willi: Grundfragen der internationalen Wirtschaftszusammenarbeit der Länder des Rates für gegenseitige Wirtschaftshilfe (RGW) (Vorträge u. Schriften / Teil II, S. 18)	2071/18	9,40
Kybernetik in Wissenschaft, Technik und Wirtschaft der Deutschen Demokratischen Republik (Über wiss. Grundlagen d. modernen Technik / Teil II, S. 24)	2104/A 6/63	(26,–)

Landau, L. D. / E. M. Lifschitz: Lehrbuch der theoretischen Physik
(Übersetzung aus dem Russischen; in dt. Spr. hrsg. v. Gerhard Heber)

Bd I: Mechanik 2., berichtigte und ergänzte Auflage. 1963. X, 193 S. – 55 Abb. – gr. 8° – 505 g – [18 B 1] – Ganzleinen	5436/I	16,–
Bd II: Klassische Feldtheorie 2., verbesserte Auflage. 1964. X, 392 S. – 19 Abb. – gr. 8° – 850 g – [18 B 1] – Ganzleinen	5436/II	26,–
Lange, Herbert: Zu einigen ökonomischen Problemen des technischen Fortschritts im Maschinenbau der DDR (Vorträge u. Schriften / Teil II, S. 28)	2003/85	5,70
Langenbeck, Wolfgang: Über die Funktion der Aminogruppe in der Codecarboxylase (Sitzungsber. d. DAdW zu Berlin, Kl. f. Chemie, Geologie und Biologie / Teil II, S. 21)	2010/64/II/4	2,30

Bestell-Nr. DM

Leibnitz, Eberhard: Die Entstehung der fossilen Brennstoffe aus der Sicht des Chemikers
(Vorträge u. Schriften / Teil II, S. 28) 2003/88 4,50

Leibniz-Ausgabe
(Fortsetzungswerk / Teil II, S. 14)

Lenz, Friedrich Walter: Aristeidesstudien
(Schriften d. Sektion f. Altertumswiss. / Teil II, S. 17) 2067/40 70,–

Lichtmann, W. I. / P. A. Rehbinder / G. W. Karpenko: Der Einfluß grenzflächenaktiver Stoffe auf die Deformation von Metallen
Autorisierte überarbeitete Ausgabe
(Übersetzung aus dem Russischen; in dt. Spr. hrsg. v. Hans Sonntag)
1964. XII, 237 S. – 153 Abb., dav. 21 auf 12 Taf. – 38 Tab. – gr. 8° – 630 g – [20 C 6] – Ganzleinen 5512 36,–

Liechtenhan, Eduard: Anthimi de observatione ciborum ad Theodoricum regem Francorum epistula
(Corpus Medicorum Latinorum / Teil II, S. 8) Br. 33,– 2118/1 Gln. 39,–

Ljapunov, A. A.: Probleme der Kybernetik
Bd 3
1963. IX, 352 S. – 64 Abb. – 36 Tab. – gr. 8° – 770 g – [19 B 1/20 K 3] – Lederin 5438/3 44,–
Bd 4
1964. IX, 330 S. – 32 Abb., dav. 6 auf 4 Taf. – 7 Tab. – gr. 8° – 760 g – [19 B 1/20 K 3] – Lederin 5438/4 44,–

Löffler, Hans: Eine phänomenologische Theorie zur Erklärung des magnetischen Verhaltens der Spinelltyp-Oxyde der 3 d-Übergangsmetalle
(Abhandlg. d. Geomagn. Inst. Potsdam / Teil II, S. 5) 2009/34 47,50

Lotsch, Dieter: Gliederung und Parallelisierung der Ablagerungen des höheren Eozäns und des tieferen und mittleren Oligozäns in West- und Mitteleuropa und die Lage der Eozän/Oligozän-Grenze in diesem Gebiet
(Beiheft z. Zeitschrift GEOLOGIE / Teil III) 1022/B 39 9,30

Lotze, Detlef: Lysander und der Peloponnesische Krieg
(Abhandlg. d. SAdW zu Leipzig, phil.-hist. Kl. / Teil II, S. 5) 2024/57/1 9,30

Lüdemann, Karl-Friedrich: Bericht über die Vakuummetallurgische Arbeitstagung der Sektion für Hüttenwesen in Freiberg/Sachsen
(Abhandlg. d. DAdW zu Berlin, Kl. f. Bergbau, Hüttenwesen u. Montangeologie / Teil II, S. 3) 2001/63/III 2 23,–

–, –: Grundlagen der Verhüttung eisenhaltiger Verbrennungsrückstände ostelbischer Braunkohlen und ihre Bedeutung für das Niederschachtofenverfahren in der DDR
(Sitzungsber. d. DAdW zu Berlin, Kl. f. Bergbau, Hüttenwesen u. Montangeologie / Teil II, S. 21) 2010/63/III/2 4,80

Lüders, Anneliese: Die Kreuzzüge im Urteil syrischer und armenischer Quellen
(Berliner Byzantinist. Arbeiten / Teil II, S. 7) 2065/29 42,50

Luria, Salomo: Anfänge griechischen Denkens
(Lebendiges Altertum / Teil II, S. 13) 2095/14 9,50

–, –: Zur Frage der materialistischen Begründung der Ethik bei Demokrit
(Schriften d. Sektion f. Altertumswiss. / Teil II, S. 17) 2067/44 8,–

Magon, Leopold: Jacob Grimm – Leistung und Vermächtnis
(Sitzungsber. d. DAdW zu Berlin, Kl. f. Sprachen, Lit. u. Kunst / Teil II, S. 21) 2010/64/V/5 1,95

Maier, Wilhelm: Aus der analytischen Zahlentheorie
(Sitzungsber. d. SAdW zu Leipzig, math.-nat. Kl. / Teil II, S. 23) 2027/105/4 2,–

Materialien zum Slawischen Onomastischen Atlas
(Sitzungsber. d. SAdW zu Leipzig, phil.-hist. Kl. / Teil II, S. 22) 2026/108/6 11,60

Mathematische und physikalisch-technische Probleme der Kybernetik
(Über wiss. Grundlagen d. modernen Technik / Teil II, S. 24) 2104/A/5/63 55,–

	Bestell-Nr.	DM
Metallische Spezialwerkstoffe (Über wiss. Grundlagen d. modernen Technik / Teil II, S. 25)	2104/A/7/63	38,–
Mette, Hans Joachim: Der Verlorene Aischylos (Schriften d. Sektion f. Altertumswiss. / Teil II, S. 17)	2067/35	48,50
Milde, Gerald: Stand und Aufgaben hydrogeologischer Forschungen in der DDR (Sitzungsber. d. DAdW zu Berlin, Kl. f. Bergbau, Hüttenwesen u. Montangelogie / Teil II, S. 21)	2010/63/III/3	6,20
Möller, Reinhold: Hiltgart von Hürnheim – Mittelhochdeutsche Prosa – Übersetzung des „Secretum Secretorum" (Dt. Texte d. Mittelalters / Teil II, S. 9)	2012/LVI	61,–
Mönke, Wolfgang: Neue Quellen zur Heß-Forschung (Abhandlg. d. DAdW zu Berlin, Kl. f. Philosophie, Geschichte, Staats-, Rechts- und Wirtschaftswiss. / Teil II, S. 4)	2001/64/VI/1	19,–
Mohnike, Gerhard: Diabetische Angiopathie. I. Internationales Symposiom über Diabetesfragen (Abhandlg. d. DAdW zu Berlin, Kl. f. Medizin / Teil II, S. 4)	2001/64/IV/3	79,–
Moissejew, W. D.: Fragen der Kybernetik in Biologie und Medizin (Übersetzung aus dem Russischen; in dt. Spr. bearb. und hrsg. von Georg Klaus) 1963, XXXVII, 194 S. – 44 Abb. – 13 Tab. – gr. 8° – 550 g – [18 G 1/20 K 3] – Ganzleinen	5474	**34,–**
Morenz, Siegfried: Die Heraufkunft des transzendenten Gottes in Ägypten (Sitzungsber. d. SAdW zu Leipzig, phil.-hist. Kl. / Teil II, S. 22)	2026/109/2	4,–
Mothes, Kurt: 2. Internationale Arbeitstagung Biochemie und Physiologie der Alkaloide (Abhandlg. d. DAdW zu Berlin, Kl. f. Chemie, Geologie und Biologie / Teil II, S. 2)	2001/63/II/4	39,–
Motsch, Wolfgang: Syntax des deutschen Adjektivs (Studia Grammatica / Teil II, S. 23)	2115/3	9,50
Mundt, Wolfgang: Statistische Bearbeitung und Analyse geomagnetischer Landesvermessungen (Abhandlg. d. Geomagn. Inst. Potsdam / Teil II, S. 5)	2009/31	51,–
Náray-Szabó, István: Anorganische Chemie, Bd III 1963. 669 S. – 21 Abb. – 4 Tab. – gr. 8° – 1590 g – [18 C 4] – Ganzleinen Vertrieb nur in Deutschland	8011/III	**48,–**
Natur, Entwicklung und Wirtschaft einer jungpleistozänen Landschaft (Wiss. Abhandlg. d. DAdLW zu Berlin / Teil II, S. 29)	2068/56	62,–
Naumann, Horst: Namen deutscher Städte (WTB, Reihe Sprachwissenschaft / Teil II, S. 30)	7010	8,–
Nehls, Katja: Voraussetzungen, Formen und Bedeutung der westdeutschen Kapitalexporte 1952 bis 1958 (Schriften d. Inst. f. Wirtschaftswiss. / Teil II, S. 18)	2071/14	19,50
Neue Werkstoffe durch pulvermetallurgische Verfahren (Über wiss. Grundlagen d. modernen Technik / Teil II, S. 25)	2104/A/9/64	25,50
Neumann, Siegfried: Volksschwänke aus Mecklenburg (Veröffentl. d. Inst. f. dt. Volkskunde / Teil II, S. 27)	2034/30	12,50
Neumark, M. A.: Lineare Differentialoperatoren (Math. Lehrbücher u. Monographien / Teil II, S. 14)	5304	44,–

Niemczyk, Oskar: Bergmännisches Vermessungswesen. Ein Handbuch des Markscheidewesens in fünf Bänden
Band 3 – Darstellungen, Anwendungen
Von Oskar Niemczyk, Otto Haibach

	Bestell-Nr.	DM
I. Halbband. Zur Drucklegung vorbereitet von Paul Hilbig 1963. XXI, 523 S. – 293 Abb., dav. 31 Fig. u. 17 einfarb. Abb. auf 16 Falttaf. – 18 farb. Abb. auf 17 Falttaf. – 1 Anaglyphenraumbild mit Brille – 18 Zahlentaf., dav. 12 Falttaf. – 1 Transparentblatt – gr. 8° – 1480 g – [20 F 1] – Ganzleinen	5051/3/I	**142,–**
Nitzsche, Peter: Zur Theorie der Geoisothermen-Verschiebung in der Umgebung von heißen Intrusivkörpern (Abhandlg. d. SAdW zu Leipzig, math.-nat. Kl. / Teil II, S. 4)	2025/48/3	13,80
Noll, Rudolf: Eugippius, Das Leben des heiligen Severin (Schriften u. Quellen d. Alten Welt / Teil II, S. 19)	2066/11	13,50
Nováková, Julie: Umbra (Schriften d. Sektion f. Altertumswiss. / Teil II, S. 17)	2067/36	39,–
Oleak, Hans: Gasdynamische Vorgänge im Feuerkugelstadium der Meteore (Veröffentl. d. Sternwarte i. Babelsberg / Teil II, S. 25)	2077/13	9,–
Ostasiatische Forschungen (Schriftenreihe / Teil II, S. 16)		
Otten, Heinrich: Hethitische Rituale (Keilschrifturkunden aus Boghazköi / Teil II, S. 13)	2046/4	34,50
Petrow, A. S.: Einstein-Räume (Math. Lehrbücher u. Monographien / Teil II, S. 15)	5478	58,–
Pforr, Anton von: Das Buch der Beispiele der alten Weisen (Veröffentl. d. Inst. f. Orientforsch. / Teil II, S. 27)	2013/61/1	32,50
Philipp, Burkart: Grundlagen der makromolekularen Chemie (WTB, Reihe Chemie / Teil II, S. 30)	7018	12,50
Polarographie in der Chemotherapie, Biochemie und Biologie (Abhandlg. d. DAdW zu Berlin, Kl. f. Chemie, Geologie u. Biologie / Teil II, S. 2)	2001/64/II/1	100,–
Politik im Krieg 1914–1918. Studien zur Politik der deutschen herrschenden Klassen im ersten Weltkrieg Sammelband hrsg. v. d. Arbeitsgruppe „Erster Weltkrieg" im Institut für Geschichte an der Deutschen Akademie der Wissenschaften zu Berlin (Deutsche Historiker Gesellschaft / Teil II, S. 8)	5551	14,50
Précis de l'Histoire du Mouvement ouvrier allemand (s. Grundriß der Geschichte d. dt. Arbeiterbewegung)		
Prediger, Der (Schriften u. Quellen d. Alten Welt / Teil II, S. 19)	2066/13	31,50
Priesner, Hermann: Ordnung Thysanoptera (Fransenflügler, Thripse) (Bestimmungsbücher z. Bodenfauna Europas / Teil II, S. 8)	2114/2	50,–
Probleme des Wassers bei der Gesteins- und Lagerstättenbildung (Sonderband z. Ber. d. Geolog. Gesellschaft / Teil III, S. 1)	1037/VIII/S 1	15,–
Rapallo und die friedliche Koexistenz (Schriften d. Dt. Sektion d. Komm. d. Historiker der DDR u. d. UdSSR / Teil II, S. 17)	2110/3	14,–
Rast, Karl: Physikalisch-chemische Rechnungen 1964. IX, 431 S. – 113 Abb. – 1 Falttaf. – 29 Tab. – gr. 8° – 950 g – [18 C 2] – Ganzleinen	5526	**45,–**
Redetzky, Hermann: Christoph Wilhelm Hufeland – Sozialhygieniker und Volkserzieher – Ein großer Arzt und Menschenfreund (Sitzungsber. d. DAdW zu Berlin, Kl. f. Medizin / Teil II, S. 21)	2010/64/IV/1	2,60
Reichardt, Hans: Bericht von der Dirichlet-Tagung (Schriftenreihe d. Inst. f. Math. / Teil II, S. 19)	2069/13	17,–
Reinbacher, Erwin: Die älteste Baugeschichte der Nikolai-Kirche in Alt-Berlin (Schriften d. Sektion f. Vor- u. Frühgesch. / Teil II, S. 18)	2044/15	54,–

	Bestell-Nr.	DM
Reuter, Fritz: Die regionalgeologische Stellung der Flechtingen-Roßlauer Scholle (Beiheft zur Zeitschrift GEOLOGIE / Teil III)	1022/B 40	9,90
Richter, Eberhardt: Grundlagen der Phonetik des LHASA-Dialektes (Schriften z. Phonetik, Sprachwiss. u. Kommunikationsforsch. / Teil II, S. 19)	2102/8	21,50
Richter, Karlheinz: Die zentrale Lungenschlagader im Röntgenbild 1963. 152 S. – 83 Abb. in 204 Einzeldarstellungen – 8 Tab. – 4° – 755 g – [17 C 2, D] – Lederin	5495	59,–
Rienäcker, Günther: Über Trägerkatalysatoren (Sitzungsber. d. DAdW zu Berlin, Kl. f. Chemie, Geologie u. Biologie / Teil II, S. 21)	2010/64/II/3	1,90
Ringpfeil, Manfred: Mikrobielle Polysaccharide (WTB, Reihe Chemie / Teil II, S. 30)	7019	8,–
Ritschl, Rudolf: Emmisionsspektroskopie (Physikal. Gesellsch., Tagungen / Teil II, S. 16)	5527	78,–
Rosenkranz, Heinz: Sprachsoziologische Studien in Thüringen (Sitzungsber. d. SAdW zu Leipzig, phil.-hist. Kl. / Teil II, S. 22)	2026/108/3	8,30
Ruben, Walter: Indische Romane, Bd I, Einige Romane Bankim Chatterjees und Rabindranath Tagores (Veröffentl. d. Inst. f. Orientforsch. / Teil II, S. 27)	2013/60	53,50
Rubinstein, Sergej L.: Sein und Bewußtsein. Die Stellung des Psychischen im allgemeinen Zusammenhang der Erscheinungen in der materiellen Welt (Übersetzung aus dem Russischen; bearbeitet u. in dt. Spr. hrsg. von Hans Hiebsch) 2., unveränderte Auflage. 1964. IX, 301 S. – gr. 8° – 780 g – [3 C 1] – Lederin	5451	22,50
Ruchholz, Kurt: Stratigraphie und Fazies des Devons der mittleren Harzgeröder Faltenzone im Unterharz und westlich Wernigerode (Beiheft zur Zeitschrift GEOLOGIE / Teil III)	1022/B 41	14,–
Růžička, Rudolf: Das syntaktische System der altslawischen Partizipien und sein Verhältnis zum Griechischen (Veröffentl. d. Inst. f. Slawistik / Teil II, S. 27)	2040/27	65,–
Sauter, Fritz: Festkörperprobleme, Band II. (Zugleich Halbleiterprobleme Bd VIII) In Referaten des Halbleiterausschusses des Verbandes Deutscher Physikalischer Gesellschaften Saarbrücken 1962 1963. VII, 323 S. – 221 Abb. – 23 Tab. – gr. 8° – 655 g – [18 B 6, 7] – Ganzleinen (Lizenzausgabe d. Verlages Friedrich Vieweg & Sohn, Braunschweig; Vertrieb nur in der DDR und den Ländern der Volksdemokratie)	8021	64,–
Scamoni, A.: Beiträge zur Vegetationskunde, Bd V (Beiheft z. Feddes Repertorium / Teil III)	1021/B 140	40,–
–, –: Natur, Entwicklung und Wirtschaft einer jungpleistozänen Landschaft (Wiss. Abhandlg. d. DAdLW zu Berlin / Teil II, S. 29)	2068/56	62,–
Scheel, Heinrich: Das Jahr 1813. Studien zur Geschichte und Wirkung der Befreiungskriege. Sammelband (Deutsche Historiker Gesellschaft / Teil II, S. 8)	5525	9,30
Schlimpert, Gerhard: Slawische Personennamen in mittelalterlichen Quellen Deutschlands (Deutsch-Slawische Forschungen z. Namenkunde u. Siedlungsgesch. / Teil II, S. 10)	2100/17	12,–
Schminder, Rudolf: Ionosphärische Driftmessungen im E-Schichtniveau am Geophysikalischen Observatorium Collm – Ein Beitrag zur Zirkulation der Hochatmosphäre (Veröffentl. d. Geophys. Inst. d. Univ. Leipzig / Teil II, S. 26)	2018/XVIII/2	32,50

	Bestell-Nr.	DM
Schmidt, Martin: Pflanzenschutz im Gartenbau (WTB, Reihe Biologie und Landwirtschaftswiss. / Teil II, S. 30)	7016	8,–
Schmidt, Wilhelm: Lexikalische und aktuelle Bedeutung – Ein Beitrag zur Theorie der Wortbedeutung (Schriften z. Phonetik, Sprachwiss. u. Kommunikationsforsch. / Teil II, S. 19)	2102/7	14,50
Schneider, Johannes: Das deutsche Vogteiwesen und sein Einfluß auf das mittelalterliche Latein (Sitzungsber. d. DAdW zu Berlin, Kl. f. Sprachen, Lit. u. Kunst / Teil II, S. 21)	2010/64/V/1	4,–
Schoeps, Dietrich: Die Lösung der geodätischen Hauptaufgaben in der Nähe der Erdpole mit Hilfe der stereographischen Polarprojektion (Veröffentl. d. Geodät. Inst. Potsdam / Teil II, S. 26)	2016/26	10,50
Schottlaender, Rudolf: Früheste Grundsätze der Wissenschaft bei den Griechen (Schriften d. Sektion f. Altertumswiss. / Teil II, S. 17)	2067/43	16,80
Schröter, Hans-Botho: 2. Internationale Arbeitstagung Biochemie und Physiologie der Alkaloide (Abhandlg. d. DAdW zu Berlin, Kl. f. Chemie, Geologie u. Biologie / Teil II, S. 2)	2001/63/II/4	39,–
Schtajerman, E. M.: Die Krise der Sklavenhalterordnung im Westen des Römischen Reiches (Aus d. Russischen übersetzt u. hrsg. v. Wolfgang Seyfarth) 1964. XI, 478 S. – gr. 8° – 790 g – [7 M/5 B 2/C 2]	5489	48,–
Schubert, Ernst: Der Westchor des Naumburger Doms (Abhandlg. d. DAdW zu Berlin, Kl. f. Sprachen, Lit. u. Kunst / Teil II, S. 4)	2001/64/V/1	12,–
Schuldt, Ewald: Teterow. Ein slawischer Burgwall in Mecklenburg (Schriften d. Sektion f. Vor- und Frühgeschichte / Teil II, S. 17)	2044/13	68,–
Schulte-Uffelage, Helmut: Das Keng-shen-wai-shih (Ostasiatische Forschungen, Sonderreihe Monographien / Teil II, S. 16)	2094/S 2	48,–
Schulz, Arthur: Die Kasseler Lobschriften auf Winckelmann (s. Winckelmann-Gesellschaft)		
Schulze, Gustav E. R.: Geometrische Prinzipien beim Gitteraufbau intermetallischer Verbindungen (Abhandlg. d. SAdW zu Leipzig, math.-nat. Kl. / Teil II, S. 4)	2025/48/4	3,95
Schulze, Hermann: Energieübertragung mit hochgespanntem Gleichstrom (Abhandlg. d. DAdW zu Berlin, Kl. Math., Physik u. Technik / Teil II, S. 2)	2001/64/I/3	3,30
Schwartz, Adelheid: Mikrobielle Korrosion von Kunststoffen und ihren Bestandteilen (Abhandlg. d. DAdW zu Berlin, Kl. f. Chemie, Geologie u. Biologie / Teil II, S. 2)	2001/63/II/5	18,50
Schwarz, Egbert: Über experimentelle Untersuchungen und klinische Erfahrungen beim alloplastischen Ersatz von Blutgefäßen (Sitzungsber. d. SAdW zu Leipzig, math.-nat. Kl. / Teil II, S. 23)	2027/106/1	2,45
Schweichel, Robert: Erzählungen (Textausgaben z. früh. soz. Literat. in Deutschland / Teil II, S. 24)	2119/2	14,50
Seiffert, Hans Werner: Studien zur neueren deutschen Literatur (Veröffentl. d. Inst. f. dt. Sprache u. Lit. / Teil II, S. 27)	2054/62/29	33,50
–, –: Untersuchungen zur Methode der Herausgabe deutscher Texte (Veröffentl. d. Inst. f. dt. Sprache u. Lit. / Teil II, S. 26)	2054/62/28	45,–
–, –: Wielands Briefwechsel, 1. Band, Briefe der Bildungsjahre (Fortsetzungswerk / Teil II, S. 29)	3045/1	67,–
Servít, Zdeněk: Epilepsie. Grundlagen einer evolutionären Pathologie. Mit Ergänzungen des Autors in dt. Sprache hrsg. v. Harro Wendt (Übersetzung aus dem Tschechischen) 1963. VIII, 278 S. – 58 Abb. – 16 Tab. – gr. 8° – 685 g – [17 O] – Lederin	5420	56,–

Slawische Namenforschung

	Bestell-Nr.	DM
Slawische Namenforschung (Veröffentl. d. Inst. f. Slawistik / Teil II, S. 28)	2040/29	59,–
Slawischer Onomastischer Atlas, Materialien zum – (Sitzungsber. d. SAdW zu Leipzig, phil.-hist. Kl. / Teil II, S. 22)	2026/108/6	11,60
Slizinski, Jerzy: Sorbische Volkserzählungen (Veröffentl. d. Inst. f. Slawistik / Teil II, S. 28)	2040/31	27,–
Smith, Adam: Eine Untersuchung über das Wesen und die Ursachen des Reichtums der Nationen (Ökonomische Studientexte / Teil II, S. 16)	2093/3/1	19,50
Snarskij, A. N.: Die geologische Betreuung beim Bohren auf Erdöl und Erdgas (Schriftenreihe d. prakt. Geologen / Teil II, S. 20)	2082/6	22,50
–, –: Die geologischen Grundlagen des Abbaus von Erdöl- und Erdgaslagerstätten (Schriftenreihe d. prakt. Geologen / Teil II, S. 20)	2082/8	20,–
–, –: Suche und Erkundung von Erdöl- und Erdgaslagerstätten (Schriftenreihe d. prakt. Geologen / Teil II, S. 20)	2082/7	27,–
Sorbische Volkserzählungen (Veröffentl. d. Inst. f. Slawistik / Teil II, S. 28)	2040/31	27,–
Sobolew, S. L.: Einige Anwendungen der Funktionalanalysis auf Gleichungen der mathematischen Physik (Math. Lehrbücher u. Monographien / Teil II, S. 14)	5518	25,–
Spangenberg, Karl: Sprachsoziologische Studien in Thüringen (Sitzungsber. d. SAdW zu Leipzig, phil.-hist. Kl. / Teil II, S. 22)	2026/108/3	8,30
Sponheuer, Wilhelm: Internationale Union für Geodäsie und Geophysik, Internationale Assoziation für Seismologie und Physik des Erdinnern: 7. Tagung der Europäischen Seismologischen Kommission (Veröffentl. d. Inst. f. Bodendynamik u. Erdbebenforsch. in Jena / Teil II, S. 26)	2004/77	55,–
Stecken, Alfred: Das Röntgenbild erworbener und angeborener Herzfehler. Möglichkeiten und Grenzen einfacher röntgenologischer Untersuchungsmethoden im Jugendlichen- u. Erwachsenenalter Bd 1: Untersuchungsmethodik Erworbene Herzfehler 1964. 244 S. – 197 Abb. – 20 Skizzen – 4° – 700 g – [17 F 2] – Lederin	5477	**74,–**
Steinitz, Wolfgang: Jacob Grimm zur 100. Wiederkehr seines Todestages (Veröffentl. d. Inst. f. dt. Volkskunde / Teil II, S. 27)	2034/32	25,–
–, –: Russische Lautlehre 4., durchgesehene Auflage. 1962. X, 90 S. – 8 Abb. – 1 Tab. – gr. 8° – 250 g – [7 I] – Halbleinen	5118	5,50
Stern, Leo: Der geistige und politische Standort von Jacob Grimm in der deutschen Geschichte (Sitzungsber. d. DAdW zu Berlin, Kl. f. Philosophie, Geschichte, Staats-, Rechts- u. Wirtschaftswiss. / Teil II, S. 22)	2010/63/VI/4	2,20
–, –: Die Rolle der Gesellschaftswissenschaften für den Fortschritt der Gesellschaft (Vorträge u. Schriften / Teil II, S. 28)	2003/87	(1,80)
Stiehler, Gottfried: Die Dialektik in Hegels „Phänomenologie des Geistes" 1964. 316 S. – 8° – 540 g – [3 B 2] – Ganzleinen	5532	**14,50**
Stiller, Heinz: Die Bedeutung phänomenologischer Betrachtungen für die Interpretation gesteinsmagnetischer Untersuchungsergebnisse (Abhandlg. d. Geomagn. Inst. Potsdam / Teil II, S. 5)	2009/34	47,50
Strauss, Gerhard: Anschauung und Deutung (Studien z. Architektur u. Kunstwiss. / Teil II, S. 24)	2112/2	45,–

	Bestell-Nr.	DM
Streisand, Joachim: Geschichtliches Denken von der deutschen Frühaufklärung bis zur Klassik (Schriften d. Inst. f. Gesch., Reihe I / Teil II, S. 18)	2083/I/22	14,–
Strobach, Hermann: Bauernklagen. Untersuchungen zum sozialkritischen deutschen Volkslied (Veröffentl. d. Inst. f. dt. Volkskunde / Teil II, S. 27)	2034/33	48,–
Studien zur Geschichte der russischen Literatur des 18. Jahrhunderts (Veröffentl. d. Inst. f. Slawistik / Teil II, S. 28)	2040/28	25,–
Teschke, Hans-Jürgen: Wörterbuch der Geowissenschaften Russisch – Deutsch 1964. VIII, 424 S. – gr. 8° – 945 g – [18 F 1] – Lederin	5504	25,50
Thurow Kreis Neustrelitz, Natur, Entwicklung und Wirtschaft einer jungpleistozänen Landschaft (Wiss. Abhandlg. d. DAdW zu Berlin / Teil II, S. 29)	2068/56	62,–
Tidner, Erik: Didascaliae Apostolorum Canonum Ecclesiasticorum Traditionis Apostolicae versiones Latinae (Texte u. Untersuchungen z. Gesch. d. altchristl. Lit. / Teil II, S. 24)	2030/20	52,–
Tielecke, Hans: Pflanzenschutzmittel (WTB, Reihe Biologie u. Landwirtschaftswiss. / Teil II, S. 30)	7011	8,–
Tobiška, Josef: Die Phythämagglutinine (Hämatologie u. Bluttransf. / Teil II, S. 12)	2116/3	58,–
Töpfer, Bernhard: Das kommende Reich des Friedens (Forsch. z. mittelalterl. Gesch. / Teil II, S. 10)	2095/11	38,–
Unverzagt, Wilhelm: Teterow. Ein slawischer Burgwall in Mecklenburg (Schriften d. Sektion f. Vor- und Frühgeschichte / Teil II, S. 17)	2044/13	68,–
Vakuummetallurgische Arbeitstagung der Sektion für Hüttenwesen in Freiberg/Sachsen (Abhandlg. d. DAdW zu Berlin, Kl. f. Bergbau, Hüttenw. u. Montangeologie / Teil II, S. 3)	2001/63/III/2	23,–
Vergleichende Kennziffern der chemischen Industrie. Vereinigte Staaten von Amerika, Westdeutschland, Großbritannien, Frankreich, Japan (Mitteilungsbl. z. volkswirtsch. Fragen / Teil II, S. 15)	2092/I/5	14,–
Vekua, I. N.: Verallgemeinerte analytische Funktionen (Math. Lehrbücher u. Monographien / Teil II, S. 15)	5425	74,–
Walter, A. K.: Elektrostatische Generatoren. Eine Sammlung von Aufsätzen (Übersetzung aus dem Russischen; wiss. Redaktion d. dt. Ausgabe: S. Hopf, H. Helfer, R. Pose) 1963. VI, 234 S. – 218 Abb., dav. 1 als Falttaf. – 19 Tab. – gr. 8° – 555 g – [18 B 7/20 K 3] – Ganzleinen	5494	46,–
Walther, Hans: Namen deutscher Städte (WTB, Reihe Sprachwissenschaft / Teil II, S. 30)	7010	8,–
Wegner, Richard Nikolaus: Der Schädel des Beutelbären (Phascolarctos cinereus goldfuss 1819) und seine Umformung durch lufthaltige Nebenhöhlen (Abhandlg. d. DAdW zu Berlin, Kl. f. Chemie, Geologie u. Biologie / Teil II, S. 2)	2001/64/II/4	42,50
Wenzel, Walter: Die Ortsnamen des Schweinitzer Landes (Deutsch-slawische Forschungen z. Namenkunde u. Siedlungsgesch. / Teil II, S. 10)	2100/17	27,50
Wick, Peter: Versuche zur Errichtung des Absolutismus in Mecklenburg in der ersten Hälfte des 18. Jahrhunderts (Schriften d. Inst. f. Gesch., Reihe II / Teil II, S. 18)	2083/II/8	38,–
Wielands Briefwechsel (Fortsetzungswerk / Teil II, S. 29)		

	Bestell-Nr.	DM
Winckelmann-Gesellschaft: Jahresgabe 1963. Die Kasseler Lobschriften auf Winckelmann 1963. 62 S. – 5 Taf. – gr. 8° – 145 g – [12 C] – Engl. Broschur	5516	9,60
Winkler, Helmut: Elektronische Analogieanlagen (Elektronisches Rechnen u. Regeln / Teil II, S. 10)	5398	29,–
Winter, Eduard: Ivan Franko – Beiträge zur Geschichte und Kultur der Ukraine (Quellen u. Studien z. Gesch. Osteuropas / Teil II, S. 17)	2087/14	48,–
–, –: Frühhumanismus (Beitr. z. Gesch. d. religiös. u. wissensch. Denkens / Teil II, S. 7)	2124/3	36,50
Wittwer, Walter: Streit um Schicksalsfragen. Die deutsche Sozialdemokratie zu Krieg und Vaterlandsverteidigung 1907–1914 (Schriften d. Inst. f. Gesch., Reihe I / Teil II, S. 18)	2083/I/26	15,–
Woratz, Günter: Neurale Muskelatrophie mit dominantem X-chromosomalem Erbgang (Abhandlg. d. DAdW zu Berlin, Kl. f. Medizin / Teil II, S. 3)	2001/64/IV/2	22,50
Wygotski, L. S.: Denken und Sprechen (Übersetzung aus dem Russischen; in dt. Spr. hrsg. v. Johannes Helm) 1964. X, 324 S. – 2 Abb. – gr. 8° – 700 g – [3 C 1] – Lederin	5549	26,50
Yen, Chung-Ping: Die Lage der Arbeiter in der Baumwollindustrie Shanghais, insbesondere in den englischen Fabriken (s. Kuczynski, Band 28)		
Ziegengeist, Gerhard: Wissenschaft am Scheidewege. Kritische Beiträge über Slawistik, Literaturwissenschaft und Ostforschung in Westdeutschland 1964. XVI, 251 S. – gr. 8° – 600 g – [7 I]	5553	25,–
Ziele der metallurgischen Forschung und ihre Bedeutung für das Hüttenwesen (Über wiss. Grundlagen d. modernen Technik / Teil II, S. 25)	2104/A/10	36,–
Zimmer, Gerhard: Über die Einflußgrößen beim M-Verfahren (Abhandlg. d. DAdW zu Berlin, Kl. f. Math., Physik u. Technik / Teil II, S. 1)	2001/64/I/1	14,60
Zucker, Friedrich: Semantica, Rhetorica, Ethica (Schriften d. Sektion f. Altertumswiss. / Teil II, S. 17)	2067/38	34,50

II

SCHRIFTENREIHEN

FORTSETZUNGSWERKE

In alphabetischer Folge nach dem Haupttitel
und in der Folge des Erscheinens

Außerhalb der Schriftenreihen erschienene Titel sind im Teil I,
Zeitschriften und deren Beihefte im Teil III enthalten

ABKÜRZUNGEN:

Hrsg. v. = Herausgegeben von	S. = Seiten
Abb. = Abbildungen	Taf. = Tafelseiten
Tab. = Tabellen	g = Gewicht in Gramm

FORMATANGABEN (HÖHE):

Unter 10 cm in Zentimetern	über 25 bis 35 cm = 4°
über 10 bis 18,5 cm = kl. 8°	über 35 bis 45 cm = 2°
über 18,5 bis 22,5 cm = 8°	über 45 cm in Zentimetern
über 22,5 bis 25 cm = gr. 8°	

Abhandlungen der Deutschen Akademie der Wissenschaften zu Berlin

Klasse für Mathematik, Physik und Technik

Bestell-Nr. DM

Jahrgang 1963

4 Alfred Jante: Die Grundlagen der Fahrstabilität
— Mitteilungen aus der Sektion für Maschinenbau —
1963. 42 S. – 41 Abb. auf 11 Taf. – 4 Tab. – 4° – 160 g – [20 C 4] 2001/63/I/4 **10,30**

Jahrgang 1964

1 Gerhard Zimmer: Über die Einflußgrößen beim M-Verfahren
Ein experimenteller Beitrag zur Erweiterung der Erkenntnisse
1964. 63 S. – 128 Abb. auf 27 S. – 5 Tab. – 4° – 260 g – [20 H 3] 2001/64/I/1 **14,60**

		Bestell-Nr.	DM
3	Hermann Schulze: Energieübertragung mit hochgespanntem Gleichstrom 1964. 19 S. – 16 Abb. – 4° – 80 g – [20 K 4]	2001/64/I/3	3,80
5	Hellmut Baumgärtel: Einige Bemerkungen zur Differentialgleichung $X'(t) = P(t)\ X(t)$ für Operatorfunktionen 1964. 19 S. – 4° – 100 g – [19 B 4]	2001/64/I/5	3,80

Klasse für Chemie, Geologie und Biologie

Jahrgang 1963

1	Chemiefaser-Symposium 1962. Vorträge und Diskussionsbeiträge, gehalten auf dem Chemiefaser-Symposium. Veranstaltet von der Chemischen Gesellschaft in der Deutschen Demokratischen Republik und dem Institut für Faserstoff-Forschung in Teltow-Seehof der Deutschen Akademie der Wissenschaften zu Berlin vom 28.–31. März 1962 in Weimar 1963. 503 S. – 442 Abb., dav. 3 auf 2 mehrfarb. Taf. – 116 Tab. – 4° – 1310 g – [20 O 2]	2001/63/II/1	95,–
4	2. Internationale Arbeitstagung Biochemie und Physiologie der Alkaloide, Halle (Saale) 21.–25. Mai 1960. Tagungsbericht. Hrsg. v. Kurt Mothes und Hans-Botho Schröter 1963. 435 S. – 77 Abb. – 85 Tab. – 4° – 1140 g – [18 G 1]	2001/63/II/4	39,–
5	Adelheid Schwartz: Mikrobielle Korrosion von Kunststoffen und ihren Bestandteilen 1963. 138 S. – 63 Abb. i. Text und auf 9 Taf. – 44 Tab. – 4° – 425 g – [20 M 6/18 G 1]	2001/63/II/5	18,50

Jahrgang 1964

1	Die Polarographie in der Chemotherapie, Biochemie und Biologie. I. Jenaer Symposium: 13.–15. September 1962. Vorträge, Diskussionen und Zusammenfassungen der Ergebnisse. Hrsg. v. Hermann Berg 1964. X, 520 S. – 413 Abb. – 51 Tab. – 4° – 1150 g –[18 C 5/18 G 1/17 E] – Halbleinen	2001/64/II/1	100,–
3	Käte Dornberger-Schiff: Grundzüge einer Theorie der OD-Strukturen aus Schichten 1964. 107 S. – 13 Abb. – 11 Tab. – 3 Taf. u. Tab. im Anhang – 4° – 290 g – [18 C 2]	2001/64/II/3	35,–
4	Richard N. Wegner: Der Schädel des Beutelbären (Phascolarctos cinereus goldfuss 1819) und seine Umformung durch lufthaltige Nebenhöhlen. Eine vergleichend-anatomische Betrachtung mit Einbeziehung der Verhältnisse bei Vombatus und Lasiorhinus 1964. 104 S. – 52 Abb. – 4 Taf. – 4° – 300 g – [18 G 3]	2001/64/II/4	42,50

	Bestell-Nr.	DM

Klasse für Bergbau, Hüttenwesen und Montangeologie

Jahrgang 1963

2 Bericht über die Vakuummetallurgische Arbeitstagung der Sektion für Hüttenwesen in Freiberg (Sachsen) am 11. und 12. Mai 1962. Hrsg. v. Karl-Friedrich Lüdemann
1963. VI, 134 S. – 63 Abb. – 21 Tab. – 4° – 560 g – [20 H 4/F 7] 2001/63/III/2 23,–

3 Bericht über das 4. Ländertreffen des Internationalen Büros für Gebirgsmechanik. Rahmenthema: Last- und Kraftannahmen in der Gebirgsdruckforschung und die mathematische Behandlung geomechanischer Probleme. Leipzig, 6.–10. November 1962. Hrsg. v. Georg Bilkenroth
1963. 275 S. – 168 Abb., dav. 2 auf 1 Falttaf. – 1 Taf. – 8 Tab. – 4° – 690 g – [20 F 1/18 F 2, E 2] 2001/63/III/3 51,50

Jahrgang 1964

1 Hans-Jürgen Behr: Die Korngefügefazies der Zweigürteltektonite im Kristallinen Grundgebirge Sachsens
1964. 46 S. – 28 Abb. – 3 Tab. – 4° – 160 g – [18 F 2, 3] 2001/64/III/1 7,80

2 Beiträge zur regionalen Geologie Thüringens und angrenzender Gebiete sowie zu anderen Problemen
– Festschrift zum 65. Geburtstag von Fritz Deubel –
1964. XX, 475 S. – 199 Abb. – 21 Taf. – 21 Tab. – 6 Falttaf. – 1 mehrfarb. Karte – 4° – 1300 g – [18 F 1] 2001/64/III/2 96,–

Klasse für Medizin

Jahrgang 1963 nicht erschienen

Jahrgang 1964

1 Rudolf Ippen: Vergleichende pathologische Untersuchungen über die spontane und experimentelle Tuberkulose der Kaltblüter
1964. 90 S. – 53 Abb. auf 26 Taf. – 20 Tab. – 4° – 310 g – [17 U 4/18 G 3] 2001/64/IV/1 23,50

2 Günter Woratz: Neurale Muskelatrophie mit dominantem X-chromosomalem Erbgang. Klinisch-genetische Untersuchung einer Sippe in Sachsen. Ein Beitrag zur Erkennung des dominanten X-chromosomalen Erbgangs.
1964. 99 S. – 57 Abb. – 14 Tab. – 1 Sippentaf. – 1 Falttaf. – 4° – 360 g – [17 O/18 G 1] 2001/64/IV/2 22,50

		Bestell-Nr.	DM
3	Diabetische Angiopathie. I. Internationales Symposiom über Diabetesfragen vom 1.–3. Oktober 1962 im Institut für Diabetes-Forschung und Behandlung – „Gerhardt Katsch" Karlsburg/Greifswald. Hrsg. v. Gerhard Mohnike 1964. IX, 406 S. – 206 Abb. auf 111 S. – 2 Abb. im Text – 11 farb. Abb. auf 2 Taf. – 91 Tab. – 4° – 1250 g – [17 C 3] – Halbleinen	2001/64/IV/3	79,–

Klasse für Sprachen, Literatur und Kunst

Jahrgang 1963 nicht erschienen

Jahrgang 1964

1	Ernst Schubert: Der Westchor des Naumburger Doms Ein Beitrag zur Datierung und zum Verständnis der Standbilder 1964. 50 S. – 20 Abb. auf 14 Taf. – 4° – 250 g – [14 B]	2001/64/V/1	12,–

Klasse für Philosophie, Geschichte, Staats-, Rechts- und Wirtschaftswissenschaften

Jahrgang 1957–1963 nicht erschienen

Jahrgang 1964

1	Wolfgang Mönke: Neue Quellen zur Heß-Forschung Mit Auszügen aus einem Tagebuch, aus Manuskripten und Briefen aus der Korrespondenz mit Marx, Engels, Weitling, Ewerbeck u. a. 1964. 118 S. – 4° – 400 g – [3 B 2]	2001/64/VI/1	19,–

Abhandlungen der Sächsischen Akademie der Wissenschaften zu Leipzig

Mathematisch-naturwissenschaftliche Klasse

Band 48

3	Peter Nitzsche: Zur Theorie der Geoisothermen-Verschiebung in der Umgebung von heißen Intrusivkörpern 1964. 71 S. – 41 Abb. – 4° – 190 g – [18 E 2]	2025/48/3	13,80
4	Gustav E. R. Schulze: Geometrische Prinzipien beim Gitteraufbau intermetallischer Verbindungen. Ein Beitrag zum 50jährigen Jubiläum der LAUEschen Entdeckung der Kristallgitter-Interferenzen 1963. 18 S. – 12 Abb. – 1 Falttab. – 4° – 80 g – [20 F 9]	2025/48/4	3,95

		Bestell-Nr.	DM

Philologisch-historische Klasse

Band 56

2 Lieselotte Blumenthal: Schillers Dramenplan „Die Prinzessin von Zelle“
1963. 68 S. – 24 Taf. – 4° – 330 g – [7 E] 2024/56/2 12,30

4 Rudolf Grosse: Die mitteldeutsch-niederdeutschen Handschriften des Schwabenspiegels in seiner Kurzform. Sprachgeschichtliche Untersuchung
1964. 127 S. – 6 Tab. – 4° – 350 g – [7 D, E] 2024/56/4 12,–

Band 57

1 Detlef Lotze: Lysander und der Peloponnesische Krieg
1964. 98 S. – 4° – 275 g – [7 M] 2024/57/1 9,30

4 Walter Hentschel: Die Alte Börse in Leipzig und ihr Architekt
1964. 21 S. – 27 Abb. auf 16 Taf. – 4° – 160 g – [12 D] 2024/57/4 6,35

Abhandlungen des Geomagnetischen Instituts Potsdam

31 Armin Grafe: Die Bedeutung der Abweichungen geomagnetischer Tagesmittel vom sogenannten Normalwert für die Analyse des geomagnetischen Ringstromeffektes
Wolfgang Mundt: Statistische Bearbeitung und Analyse geomagnetischer Landesvermessungen
1964. 147 S. – 120 Abb., dav. 12 auf 6 Taf. – 21 Tab. – 4° – 450 g – [18 E 2] 2009/31 51,–

34 Friedrich Frölich: Der physikalische Zustand der Gesteine und seine Auswirkungen auf das magnetische Verhalten der Erdkruste
Hans Löffler: Eine phänomenologische Theorie zur Erklärung des magnetischen Verhaltens der Spinelltyp-Oxyde der 3d-Übergangsmetalle
Friedrich Frölich / Heinz Stiller: Die Bedeutung phänomenologischer Betrachtungen für die Interpretation gesteinsmagnetischer Untersuchungsergebnisse
1964. 171 S. – 89 Abb. – 44 Tab. – 4° – 450 g – [18 E 2] 2009/34 47,50

Abhandlungen des Meteorologischen und Hydrologischen Dienstes der Deutschen Demokratischen Republik

70 Alfred Adlung: Über die Ausbreitung von Zentimeter- und Dezimeterwellen in der bodennahen Luftschicht
1963. 68 S. – 50 Abb. – 19 Tab. – 4° – 185 g – [18 E 3] 2023/70 25,–

		Bestell-Nr.	DM
71	Günther Flemming: Das Klima an Waldbestandsrändern 1964. 76 S. – 23 Abb. – 17 Tab. – 4° – 205 g – [18 E 3]	2023/71	23,–

Abhandlungen und Berichte des Staatlichen Museums für Völkerkunde Dresden

Band 23

	Günter Guhr: Heirat und Verwandtschaftssystem bei den Aranda in Zentralaustralien. Kritik des sogenannten Aranda-Typs von Radcliffe-Brown 1963. VII, 194 S. – 49 Diagramme – 3 Falttab. – 1 Faltkarte – gr. 8° – 500 g – [15 F]	2108/23	19,20

Acta Hydrophysica

Band VIII

1	N. Ajbulatov, H. Griesseier und I. Sadrin: Über den Sedimenttransport längs einer unregelmäßig gegliederten Meeresküste. H. Klehn und D. Sonntag: Ein hydrographisches Extinktions- und Temperaturmeßgerät. B. A. Sul'ak: Über die Wellen auf der Oberfläche eines kohäsionslosen Mediums 1963. 78 S. – 22 Abb. – 8° – 110 g – [18 E 4]	2050/VIII/1	12,–
2	H. Griesseier und S. Hoeg: Das Schrifttum auf dem Gebiet der Küstenforschung in der Deutschen Demokratischen Republik im Zeitraum 1959–1962 D. H. H. Kühlmann und I. Kühlmann: Eisbildungsprozesse an einem Gebirgsbach bei geringen Kältegraden. G. Schellenberger: Die räumliche Strahlungsverteilung in großen Gewässertiefen 1963. 57 S. – 15 Abb. – 8° – 75 g – [18 E 4]	2050/VIII/2	10,60
3	H. Ertel: Die Veränderungen der Flußquerschnitte durch Erosion und Akkumulation. L. Kránicz, L. Muszkalay und Ö. Starosolsky: Neue Instrumente für hydraulische Untersuchungen an Ort und Stelle. G. A. Orlowa: Experimentelle Untersuchung des wellenbedingten Sedimenttransportes. 1964. 50 S. – 4 S. Bd-Verzeichnis VIII – 21 Abb. – 8° – 80 g – [18 E 4]	2050/VIII/3	8,50

Band IX

1 V. Fritsch: Die geoelektrische Untersuchung der Heilwasservorkommen im Gebiete des Neusiedlersees im österreichischen Burgenlande

	Bestell-Nr.	DM
H. Griesseier und S. u. W. Hoeg: Durch Ferromagnetika markierte Sedimente und Möglichkeiten ihrer automatischen Zählung 1964. 54 S. – 23 Abb., dav. 4 Falttaf. – 7 Tab. – 8° – 95 g – [18 E 4]	2050/IX/1	12,80

Althochdeutsches Wörterbuch

16. Lieferung
1964. 40 S. – 4° – 130 g – [7 D] 3004/16 5,–

Aristoteles Sämtliche Werke

6 Nikomachische Ethik. Übersetzt und erläutert von Franz Dirlmeier
3., erneut durchgesehene Auflage
1964. 606 S. – gr. 8° – 1200 g – [3 B 2] – Ganzleinen 3022/6 42,–

Beiträge zur Geschichte des religiösen und wissenschaftlichen Denkens

Herausgegeben von der Deutschen Historiker Gesellschaft, Arbeitsgemeinschaft „Mittel- und Osteuropa in der Politik des Vatikans" in Verbindung mit S. D. Skaskin und N. A. Smirnow von Eduard Winter und Hubert Mohr

Bd 1 und 2 beim Verlag Rütten und Loening, Berlin erschienen

3 Eduard Winter: Frühhumanismus. Seine Entwicklung in Böhmen und deren europäische Bedeutung für die Kirchenreformbestrebungen im 14. Jahrhundert
1964. 239 S. – gr. 8° – 600 g – [14 D/3 B] – Ganzleinen 2124/3 36,50

Beiträge zur Meereskunde

9 1963. 66 S. – 10 Abb., dav. 1 Falttaf. – 1 farb. Karte – 4 Tab. – gr. 8° – 155 g – [18 E 4] 2105/9 13,–
10 1963. 51 S. – 16 Abb. – 2 Tab. – gr. 8° – 90 g – [18 E 4] 2105/10 9,–
11 1964. 99 S. – 22 Abb., dav. 5 als Falttaf. – 2 Tab. – gr. 8° – 840 g – [18 E 4] – mit 46 S. Beilage: Atlas der Elemente des Tidenhubs 2105/11 28,50

Berliner Byzantinistische Arbeiten

29 Anneliese Lüders: Die Kreuzzüge im Urteil syrischer und armenischer Quellen
1964. VIII, 123 S. – 1 Faltkarte – 11 Stammtaf. – gr. 8° – 315 g – [7 M] 2065/29 42,50

		Bestell-Nr.	DM
30	Veselin Beševliev: Spätgriechische und spätlateinische Inschriften aus Bulgarien 1964. XV, 220 S. – 280 Abb. auf 114 Bildtaf. – 1 Faltkarte – gr. 8° – 670 g – [7 M/7 I]	2065/30	108,–

Bestimmungsbücher zur Bodenfauna Europas

Herausgegeben von Jacques d'Aguilar / Max Beier / Herbert Franz / Frank Raw

[18 G 3]

1	Max Beier: Ordnung Pseudoscorpionidea (Afterskorpione) 1963. VII, 313 S. – 300 Abb. – gr. 8° – 560 g	2114/1	69,–
2	Hermann Priesner: Ordnung Thysanoptera (Fransenflügler, Thripse) 1964. V, 242 S. – 212 Textfig. – 7 Taf. – gr. 8° – 455 g (Bestellungen aus dem westlichen Ausland über die Buchhandlung ASHER & CO, Amsterdam, 389 Herrengracht)	2114/2	50,–

Corpus medicorum Graecorum

V	Galen: Über das Riechorgan Herausgegeben, übersetzt und erläutert von Jutta Kollesch 1964. 128 S. – gr. 8° – 250 g – [7 M/17 A] – Broschiert	2028/10 Br.	49,–
	dto. – 350 g – Ganzleinen	2028/10 Gln.	53,50

Corpus Medicorum Latinorum

Herausgegeben von der Deutschen Akademie der Wissenschaften zu Berlin, Institut für griechisch-römische Altertumskunde

Frühere Bände beim Verlag B. G. Teubner, Leipzig, erschienen

1	Eduard Liechtenhan: Anthimi de observatione ciborum ad Theodoricum regem Francorum epistula. Iteratis curis edidit et in linguam Germanicam transtulit 1963. XXIV, 86 S. – gr. 8° – 195 g – [7 M] – Broschiert	2118/1 Br.	33,–
	dto. – 230 g – Ganzleinen	2118/1 Gln.	39,–

Deutsche Historiker Gesellschaft

Das Jahr 1813. Studien zur Geschichte und Wirkung der Befreiungskriege Sammelband der Arbeitsgemeinschaft zur Geschichte von 1789 bis 1815 der Deutschen Historiker Gesellschaft Hrsg. v. Heinrich Scheel 2., unveränderte Auflage. 1963. VIII, 258 S. – gr. 8° – 450 g – [14 A/E]	5525	9,30

	Bestell-Nr.	DM
Byzantinistische Beiträge. Gründungstagung der Arbeitsgemeinschaft Byzantinistik in der Sektion Mittelalter der Deutschen Historiker Gesellschaft vom 18.–21. April 1961 in Weimar Hrsg. v. Johannes Irmscher 1964. VI, 462 S. – 1 Falttab. – gr. 8° – 755 g – [7 M]	5542	56,–
Politik im Krieg 1914–1918. Studien zur Politik der deutschen herrschenden Klassen im ersten Weltkrieg Hrsg. von der Arbeitsgruppe „Erster Weltkrieg" im Institut für Geschichte an der Deutschen Akademie der Wissenschaften zu Berlin unter Leitung von Fritz Klein 1964. VIII, 253 S. – 2 Landkarten – gr. 8° – 450 g – [14 D E]	5551	14,50

Deutsches Gewässerkundliches Jahrbuch

Abflußjahr 1959 1963. 377 S. – 1 mehrfarb. Falttaf. – 4° – 1230 g – [18 E 4] – Halblederin	1056/19	91,–

Deutsches Meteorologisches Jahrbuch

1959 – Teil I: Tägliche Beobachtungen 1963. V, 166 S. – 4° – 450 g – [18 E 3]	1055/59/I	13,80
1959 – Teil II: Monats- und Jahresübersichten. Phänologische Beobachtungsergebnisse 1963. XX, 259 S. – 7 Karten – 4° – 730 g – [18 E 3]	1055/59/II	21,–
1959 – Teil III: Niederschlagsbeobachtungen 1963. XVIII, 319 S. – 13 Karten – 4° – 860 g – [18 E 3]	1055/59/III	23,30

Deutsche Texte des Mittelalters

LIV Die Niederdeutschen Bibelfrühdrucke Kölner Bibeln / Lübecker Bibel / Halberstädter Bibel Hrsg. v. Gerhard Ising Bd II: Numeri – I. Könige 1963. VII, 709 S. – gr. 8° – 1290 g – [7 E] – Broschiert	2012/LIV/II Br.	67,–
dto. – 1310 g – Ganzleinen	2012/LIV/II Gln.	71,–
LVI Hiltgart von Hürnheim: Mittelhochdeutsche Prosa – Übersetzung des „Secretum Secretorum" Hrsg. v. Reinhold Möller 1963. CVI, 221 S. – 2 Taf. – gr. 8° – 590 g – [7 E]	2012/LVI	61,–

Bestell-Nr. DM

Deutsch-Slawische Forschungen zur Namenkunde und Siedlungsgeschichte

16 Walter Wenzel: Die Ortsnamen des Schweinitzer Landes
1964. 153 S. – 2 Abb. – 2 Faltkarten, dav. 1 mehrfarb. – gr. 8° – 375 g – [7 I/D] – Halbleinen 2100/16 27,50

17 Gerhard Schlimpert: Slawische Personennamen in mittelalterlichen Quellen Deutschlands
1964. 83 S. – gr. 8° – 260 g – [7 I] – Halbleinen 2100/17 12,–

Elktronisches Rechnen und Regeln

1 Wilhelm Kämmerer: Ziffernrechenautomaten
3., erweiterte Auflage. 1963. X, 403 S. – 208 Abb., dav. 2 Falttaf. – gr. 8° – 850 g – [20 K 3] – Lederin 5356 34,–

2 Helmut Winkler: Elektronische Analogieanlagen
2., berichtigte Auflage. 1963. X, 242 S. – 172 Abb., dav. 3 auf 1 Falttaf. – gr. 8° – 550 g – [20 K 3] – Lederin 5398 29,–

3 Peter Fey: Informationstheorie: Einführung in die statistische Theorie der elektrischen Nachrichtenübertragung
1963. VIII, 217 S. – 96 Abb. – 16 Tab. – gr. 8° – 535 g – [19 B 5/20 K 5] – Lederin 5507 27,–

Ernährungsforschung

[17 E / 20 M 8]

Band VIII

3 1963. VII, 256 S. – 53 Abb – 53 Tab. – gr. 8° – 430 g – 2074/VIII/3 (49,–)
4 1963. VI, 216 S. – 13 S. Inhaltsverzeichnis Bd VIII – 20 Abb. – 67 Tab. – gr. 8° – 330 g – 2074/VIII/4 35,–

Band IX

1 1964. VI, 100 S. – 9 Abb., dav. 3 auf 3 Falttaf. – 14 Tab. – gr. 8° – 230 g – 2074/IX/1 16,50

Forschungen zur mittelalterlichen Geschichte

11 Bernhard Töpfer: Das kommende Reich des Friedens. Zur Entwicklung chiliastischer Zukunftshoffnungen im Hochmittelalter
1964. 341 S. – gr. 8° – 555 g – [14 D, F] 2090/11 38,–

	Bestell-Nr.	DM

Geschichte des Fixsternhimmels

[18 D 3]

Bd 18. 17^h Rektaszension 1. Lieferung: 0^m—29^m 59^s 1964. XVI, 210 S. – 4° – 600 g	3007/12	80,–
Bd 19. 18^h Rektaszension 1. Lieferung: 0^m—29^m 59^s 1963. XV, 240 S. – 4° – 610 g	3007/11	72,–

Werke Goethes

[7 E]

Wilhelm Meister

Band 5: Überlieferung und Lesarten 1960. IV, 64 S. – gr. 8° – 135 g – Ganzleinen	3006/XI/5	7,20

Epen

Band 2: Überlieferung, Varianten und Paralipomena 1963. V, 450 S. – 8 Taf. – gr. 8° – 860 g – Ganzleinen	3006/XII/2	42,–

Ergänzungsbände

Die Wahlverwandtschaften. Bearbeiter: Helmut Praschek I. Text 1963. IV, 288 S. – gr. 8° – Ganzleinen II. Überlieferungen, Varianten und Paralipomena 1963. V, 64 S. – gr. 8° – (als Beilage in Bd I)	3006/XIII/1–2	26,–

Götz-Wörterbuch

[7 D]

Wörterbuch zu Goethes Götz von Berlichingen Zweite Lieferung: eben bis Glück 1963. 80 S. – 4° – 290 g –	3023/2	15,–

Hämatologie und Bluttransfusionswesen

2 Dietfried Jorke: Die Lymphoidzellen des Blutes. Klinisch-hämatologische Untersuchungen über ihre Struktur, Funktion und diagnostische Bedeutung 1963. IX, 174 S. – 151 Abb., dav. 20 mehrfarbige – 8 Tab. – gr. 8° – 370 g – [17 F 1]	2116/2	50,–

		Bestell-Nr.	DM
3	Josef Tobiška: Die Phythämagglutinine. Mit einem Katalog der seit 1888 auf Phythämagglutiningehalt untersuchten Pflanzen unter botanischer Mitarbeit von M. Felklová. Wissenschaftl. Bearbeitung: Wolfgang Reimann 1964. XI, 302 S. – 18 Abb. – 65 Tab. – gr. 8° – 520 g – [17 F 1]	2116/3	58,–

Handbuch der Oologie

[18 G 3]

8.	Lieferung 1963. 64 S. – gr. 8° – 135 g –	3037/8	9,50
9.	Lieferung 1964. 64 S. – 1 mehrfarb. Taf. – gr. 8° – 135 g –	3037/9	14,–

Index der Sternörter 1925–1960

Band III: CoD – 22° bis CoD – 40° 1964. XXVIII, 295 S. – 4° – 835 g – [18 D 1]	3041/III	45,–
Band VI: Bd + 11° bis BD + 20° 1963. XXVIII, 321 S. – 4° – 890 g – [18 D 1]	3041/VI	52,–
Band VII: BD + 21° bis BD + 30° 1964. XXVIII, 260 S. – 4° – 730 g – [18 D 1]	3041/VII	45,–

Iranische Texte und Hilfsbücher

5	Bozorg Alavi: Geschichte und Entwicklung der modernen persischen Literatur 1964. X, 254 S. – 1 Faltkarte – gr. 8° – 635 g – [7 L] – Ganzleinen	2117/5	48,–

Jahrbuch des Instituts für Wirtschaftswissenschaften

Probleme der politischen Ökonomie

VI	1963. 302 S. – 73 Tab. – gr. 8° – 650 g – [5 B 1] – Ganzleinen	2113/6	23,50

Jahrbuch für Erziehungs- und Schulgeschichte

Jahrgang 3

1963. VIII, 353 S. – gr. 8° – 720 g – [10 B] – Halbleinen	2107/3	19,50

	Bestell-Nr.	DM

Jahrbuch für Wirtschaftsgeschichte

[5 B 2 / 14 D]

Jahrgang 1963 – Teil III 1963. 318 S. – 42 Tab. – gr. 8° – 520 g –	2103/63/III	20,–
Teil IV 1964. 323 S. – 8 Tab. – gr. 8° – 525 g –	2103/63/IV	20,–
Jahrgang 1964 – Teil I 1964. 301 S. – 2 Abb. – 67 Tab. – gr. 8° – 510 g –	2103/64/I	20,–

Jahrbücher des Adolf-Schmidt-Observatoriums für Erdmagnetismus in Niemegk mit wissenschaftlichen Mitteilungen

17	Jahrbuch 1961 des Adolf-Schmidt-Observatoriums in Niemegk 1963. 163 S., dav. 43 S. Tab. – 61 Abb., dav. 2 Falttaf. – 38 Tab. – 4° – 430 g – [18 E 2]	1057/17	43,50

Jahresberichte für deutsche Geschichte

9/10	Jahresberichte für deutsche Geschichte – 1957/1958 1963. XL, 860 S. – gr. 8° – 1500 g – [14 A/E]	2060/9/10/57/58	135,–

Keilschrifturkunden aus Boghazköi

4	Heinrich Otten: Hethitische Rituale 1963. VIII S. – 48 einseitige Tafeln in Mappe – 4° – 710 g – [7 L]	2046/4	34,50

Die Kulturpflanze

XI	1963. 664 S. – 175 Abb. – 2 Taf. – 1 Porträt – 84 Tab. – gr. 8° – 1365 g –	2052/11	98,–

Lebendiges Altertum

14	Salomo Luria: Anfänge griechischen Denkens (Übersetzung aus dem Russischen von Peter Helms) 1963. 158 S. – 7 Abb. – 4 Taf. – 8° – 230 g – [7 M]	2095/14	9,50

		Bestell-Nr.	DM
16	Alexander Kashdan: Byzanz. Aufstieg und Untergang des Oströmischen Reiches (Übersetzung aus dem Russischen von Alexander Becker und Ruth Kalinowski) 1964. 90 S. – 3 Landkarten – 8° – 140 g – [7 M/14 D]	2095/16	8,50

Gottfried Wilhelm Leibniz – Sämtliche Schriften und Briefe

Reihe IV: Politische Schriften

2. Band 1677 bis 1687. Bearbeitet von Lotte Knabe und Paul Ritter
1963. XXVI, 848 S. – 4° – 1870 g – [3 B 2] – Ganzleinen 3001/IV/2 157,–

Limnologica

[18 E 4 / G 1, 2, 3]

Band I

Heft 5 1963. 196 S. – 94 Abb., dav. 9 auf 3 Taf. – 32 Tab. – 8 S. Titelei für Bd I – gr. 8° – 330 g – 211/1/5 37,–

Band II

Heft 1 1964. 143 S. – 21 Abb. – 3 Taf. – 21 Tab. – gr. 8° – 270 g – 2111/2/1 24,50
Heft 2 1964. 120 S. – 11 Abb. – 2 Falttaf. – 26 Tab. – 1 Übersichtskarte – gr. 8° – 240 g – 2111/2/2 20,50

Mathematische Lehrbücher und Monographien

I. Abteilung: **Mathematische Lehrbücher**

XI Rudolf Bereis: Darstellende Geometrie I
1964. XVI, 493 S. – 361 Abb. – gr. 8° – 1060 g – [19 B 3] – Ganzleinen 5530/I 35,–

XII S. L. Sobolew: Einige Anwendungen der Funktionalanalysis auf Gleichungen der mathematischen Physik
Autorisierte bearbeitete Ausgabe
(Übersetzung aus dem Russischen; in dt. Spr. hrsg. v. Günter Zeidler)
1964. 218 S. – 12 Abb. – gr. 8° – 550 g – [19 B 4] – Ganzleinen 5518 25,–

II. Abteilung: **Mathematische Monographien**

XI M. A. Neumark: Lineare Differentialoperatoren
(Übersetzung aus dem Russischen; wiss. Bearb. d. dt. Ausgabe Heinz Otto Cordes / Fritz Rühs)
2., unveränderte Auflage 1963. XIII, 394 S. – 19 Abb. – gr. 8° – 780 g – [19 B 4] – Ganzleinen 5304 44,–

	Bestell-Nr.	DM
XV I. N. Vekua: Verallgemeinerte analytische Funktionen (Übersetzung aus dem Russischen; in dt. Spr. hrsg. v. Wolfgang Schmidt) 1962. XXII, 538 S. – 20 Abb. – gr. 8° – 1055 g – [19 B 4] – Ganzleinen	5425	74,–
XVI A. S. Petrow: Einstein-Räume. Autorisierte bearbeitete Ausgabe (Übersetzung aus dem Russischen; in dt. Spr. hrsg. v. Hans-Jürgen Treder) 1964. X, 394 S. – gr. 8° – 790 g – [18 B 1/19 B 4] – Ganzleinen	5478	58,–

Mecklenburgisches Wörterbuch

[7 D]

35. Lieferung 1964. 64 S. – 5 Abb. – 1 Landkarte – 4° – 165 g –	3016/25	10,–

Mitteilungen aus dem Zoologischen Museum in Berlin

[18 G 3]

Band 39, Heft 1 1963. 244 S. – 45 Abb., dav. 6 auf 2 Taf. – 17 Tab., dav. 1 Falttaf. – gr. 8° – 470 g –	1029/39/1	35,–
Band 39, Heft 2 1963. 162 S. – 56 Abb., dav. 13 auf 3 Taf. – 27 Tab. – 320 g –	1029/39/2	23,50
Band 40, Heft 1 1964. 68 S. – 14 Abb. – 6 Tab. – gr. 8° – 150 g –	1029/40/1	9,90

Mitteilungsblatt zu volkswirtschaftlichen Fragen

Serie Chemie

5 Vergleichende Kennziffern der chemischen Industrie. Vereinigte Staaten von Amerika, Westdeutschland, Großbritannien, Frankreich, Japan 1963. III, 152 S. – gr. 8° – 260 g – [20 M 1]	2092/I/5	14,–

Serie Landwirtschaft

2 Kennziffern der Landwirtschaft – Länderbericht Westdeutschland 1964. IV, 163 S. – 7 Abb. – gr. 8° – 240 g – [22 B]	2092/III/2	(7,–)

Mittellateinisches Wörterbuch

Lieferung 6: applodo – armarium 1963. 80 S. – 4° – 260 g – [7 M]	8003/I/6	24,–

Bestell-Nr. DM

Ökonomische Studientexte

3 Adam Smith: Eine Untersuchung über das Wesen und die Ursachen des Reichtums der Nationen. In 3 Bänden
(Aus dem Englischen übersetzt und eingeleitet von Peter Thal)
Bd I: 1963. LXV, 341 S. – 11 Tab. – 8° – 530 g – [5 B 2] – Ganzleinen 2093/3/1 19,50

Ostasiatische Forschungen

Sonderreihe Monographien

2 Helmut Schulte – Uffelage: Das Keng-shen-wai-shih. Eine Quelle zur späten Mongolenzeit
1963. V, 133 S. – 2 mehrfarb. Karten – gr. 8° – 280 g – [7 N, L] 2094/S 2 48,–

Paläontologische Abhandlungen

[18 F 4]

Band I

Heft 3 – 1963. 157 S. – 45 Abb. – 34 Taf. – 4° – 710 g – 3040/I/3 48,–
Heft 4 – 1963. 109 S. – 22 Abb. – 19 Lichtdrucktaf. – 3 Tab. – 4° – 460 g – 3040/I/4 30,50

Jean Pauls Werke

Dritte Abteilung: **Briefe**
Neunter Band: Nachträge, Berichtigungen und Ergänzungen, Register
1964. VII, 332 S. – gr. 8° – 475 g – 3005/9 32,–

Physikalische Gesellschaft

Tagung der Physikalischen Gesellschaft in der Deutschen Demokratischen Republik

vom 9.–12. Oktober 1962 in Görlitz:

Emissionsspektroskopie. Veranstaltet von der Physikalischen Gesellschaft in der Deutschen Demokratischen Republik und der Deutschen Akademie der Wissenschaften zu Berlin
Hrsg. v. Rudolf Ritschl und Gottfried Holdt
1964. 411 S. – 253 Abb., dav. 16 auf 10 Taf. u. 7 auf 1 Falttaf. – 70 Tab. – gr. 8° – 890 g – [18 B 5] – Ganzleinen 5527 78,–

Bestell-Nr. DM

Quellen und Studien zur Geschichte Osteuropas

14 Ivan Franko: Beiträge zur Geschichte und Kultur der Ukraine. Ausgewählte deutsche Schriften des revolutionären Demokraten. 1882–1915
Unter Mitarbeit von O. I. Bilećkyj und I. I. Bass hrsg. und eingeleitet v. E. Winter und P. Kirchner
1963. X, 577 S. – 1 Titelbild – gr. 8° – 1115 g – [14 G, 7 I] 2087/14 48,–

Schriften der Deutschen Sektion der Kommission der Historiker der DDR und der UdSSR

3 Rapallo und die friedliche Koexistenz
Wiss. Redaktion: Alfred Anderle
1963. VIII, 295 S. – 8° – 350 g – [14 E, F, D] 2110/3 14,–

Schriften der Sektion für Altertumswissenschaft

35 Hans Joachim Mette: Der Verlorene Aischylos
1963. VI, 256 S. – gr. 8° – 420 g – [7 M] 2067/35 48,50

36 Julie Nováková: Umbra. Ein Beitrag zur dichterischen Semantik
1964. VI, 174 S. – gr. 8° – 305 g – [7 M] 2067/36 39,–

38 Friedrich Zucker: Semantica, Rhetorica, Ethica
1963. III, 196 S. – gr. 8° – 325 g – [7 M] 2067/38 34,50

40 Friedrich Walter Lenz: Aristeidesstudien
1964. VI, 302 S. – gr. 8° – 500 g – [7 M] 2067/40 70,–

41 Wolfgang Hering: Die Recensio der Caesarhandschriften
1963. VIII, 115 S. – 10 Taf. – gr. 8° – 230 g – [7 M] 2067/41 37,–

43 Rudolf Schottlaender: Früheste Grundsätze der Wissenschaft bei den Griechen
1964. VIII, 152 S. – gr. 8° – 260 g – [7 M] 2067/43 16,80

44 Salomo Luria: Zur Frage der materialistischen Begründung der Ethik bei Demokrit
1964. 28 S. – gr. 8° – 70 g – [7 M] 2067/44 8,–

Schriften der Sektion für Vor- und Frühgeschichte

13 Wilhelm Unverzagt und Ewald Schuldt: Teterow. Ein slawischer Burgwall in Mecklenburg
1963. 135 S. – 47 Abb. – 110 Taf. – 19 Falttaf. in Mappe – 4° – 1095 g – [14 C, E] 2044/13 68,–

		Bestell-Nr.	DM
15	Ergebnisse der archäologischen Stadtkernforschung in Berlin. Teil II — Erwin Reinbacher: Die älteste Baugeschichte der Nikolaikirche in Alt-Berlin 1963. 109 S. – 46 Abb., dav. 1 als Falttaf. – 4 mehrfarb. Falttaf. – 57 Taf. – 6 Tab. – 4° – 610 g – [12 D/14 C]	2044/15	54,–

Schriften des Instituts für Geschichte

Reihe I: Allgemeine und deutsche Geschichte

1	Aus der Frühgeschichte der deutschen Arbeiterbewegung 1964. 308 S. – gr. 8° – 510 g – [14 E]	2083/I/1	19,–
22	Joachim Streisand: Geschichtliches Denken von der deutschen Frühaufklärung bis zur Klassik 1964. 123 S. – gr. 8° – 350 g – [14 A, E] – Ganzleinen	2083/I/22	14,–
26	Walter Wittwer: Streit um Schicksalsfragen. Die deutsche Sozialdemokratie zu Krieg und Vaterlandsverteidigung 1907–1914 1964. VI, 153 S. – gr. 8° – 275 g – [14 E]	2083/I/26	15,–

Reihe II: Landesgeschichte

8	Peter Wick: Versuche zur Errichtung des Absolutismus in Mecklenburg in der ersten Hälfte des 18. Jahrhunderts. Ein Beitrag zur Geschichte des deutschen Territorialabsolutismus 1964. 274 S. – gr. 8° – 450 g – [14 E]	2083/II/8	38,–

Schriften des Instituts für Wirtschaftswissenschaften

14	Katja Nehls: Voraussetzungen, Formen und Bedeutung der westdeutschen Kapitalexporte 1952 bis 1958 1963. 173 S. – gr. 8° – 275 g – [5 B 8]	2071/14	19,50
15	Günter Fabiunke: Martin Luther als Nationalökonom. Mit Anhang: Martin Luther — An die Pfarrherrn wider den Wucher zu predigen, Vermahnung. 1540 1963. 231 S. – gr. 8° – 390 g – [5 B 2]	2071/15	19,–
16	Erika König: Vom Revisionismus zum „demokratischen Sozialismus". Zur Kritik des ökonomischen Revisionismus in Deutschland 1964. 242 S. – gr. 8° – 400 g – [5 B 2]	2071/16	16,–
18	Willi Kunz: Grundfragen der internationalen Wirtschaftszusammenarbeit der Länder des Rates für gegenseitige Wirtschaftshilfe (RGW) 1964. 125 S. – 24 Tab. – gr. 8° – 215 g – [5 B 8]	2071/18	9,40

Bestell-Nr. DM

Schriften und Quellen der Alten Welt

10 Frontin: Kriegslisten
Lateinisch. Deutsch von Gerhard Bendz
1963. VI, 262 S. – gr. 8° – 580 g – [7 M] – Ganzleinen 2066/10 22,–

11 Eugippius: Das Leben des heiligen Severin
Lateinisch. Deutsch mit Einführung, Übersetzung und Erläuterungen von Rudolf Noll
1963. VIII, 150 S. – 1 Karte – gr. 8° – 410 g – [7 M] – Ganzleinen 2066/11 22,50

13 Der Prediger
Hebräisch. Deutsch von Rudi Kroeber
1963. VII, 163 S. – gr. 8° – 450 g – [7 M] – Ganzleinen 2066/13 31,50

Schriften zur Phonetik, Sprachwissenschaft und Kommunikationsforschung

7 Wilhelm Schmidt: Lexikalische und aktuelle Bedeutung. Ein Beitrag zur Theorie der Wortbedeutung
1963. 130 S. – 8 Abb. – gr. 8° – 230 g – [7 B] 2102/7 14,50

8 Eberhardt Richter: Grundlagen der Phonetik des Lhasa-Dialektes
1964. VIII, 271 S. – gr. 8° – 455 g – [7 L] 2102/8 21,50

Schriftenreihe der Arbeitsgruppe zur Geschichte der deutschen und französischen Aufklärung

17 Peter Brockmeier: Darstellungen der französischen Literaturgeschichte von Claude Fauchet bis Laharpe
1963. XI, 288 S. – 8° – 440 g – [7 H] – Ganzleinen 2080/17 29,–

(Ab Bd 18 in Schriften des Instituts für romanische Sprachen und Kultur)

Schriftenreihe der Institute für Mathematik

13 Hans Reichardt: Bericht von der Dirichlet-Tagung
1963. VII, 82 S. – 4 Abb. – gr. 8° – 175 g – [19 B 2] 2069/13 17,–

Bestell-Nr. DM

Schriftenreihe des praktischen Geologen

6 A. N. Snarskij: Die geologische Betreuung beim Bohren auf Erdöl und Erdgas
(Übersetzung aus dem Russischen; Redaktion der dt. Übers. Friedrich Stammberger)
1963. X, 204 S. – 80 Abb. – 26 Tab., dav. 2 auf Falttaf. – 8° – 390 g – [18 F 2/20 F 2] – Halblederin 2082/6 22,50

7 A. N. Snarskij: Suche und Erkundung von Erdöl und Erdgaslagerstätten
(Übersetzung aus dem Russischen; Vorwort und Redaktion der dt. Übers. Günter Dörnfeld)
1963. X, 266 S. – 93 Abb. – 27 Tab., dav. 1 als Falttaf. – 8° – 485 g – [18 F 2/20 F 3] – Halblederin 2082/7 27,–

8 A. N. Snarskij: Die geologischen Grundlagen des Abbaus von Erdöl- und Erdgaslagerstätten
(Übersetzung aus dem Russischen; Redaktion der dt. Übers. Friedrich Stammberger)
1964. IX, 279 S. – 91 Abb. – 26 Tab. – 8° – 500 g – [18 F 2/20 F 3] – Halblederin 2082/8 20,–

Sitzungsberichte der Deutschen Akademie der Wissenschaften zu Berlin

Klasse für Mathematik, Physik und Technik

Jahrgang 1963

2 Hans Frühauf: Vom Wesen der Information, der Informations-Verarbeitung, -Übertragung und -Aufnahme
2., unveränderte Auflage. 1964. 24 S. – 7 Abb. – 8° – 50 g – [19 B 5] 2010/63/I/2 3,10

Klasse für Chemie, Geologie und Biologie

Jahrgang 1964

2 Hans Falkenhagen: Einige Forschungsergebnisse aus dem Institut für theoretische Physik der Universität Rostock
1964. 24 S. – 13 Abb. – 2 Tab. – 8° – 50 g – [18 C 2] 2010/64/II/2 3,30

		Bestell-Nr.	DM
3	Günther Rienäcker: Über Trägerkatalysatoren 1964. 18 S. – 8° – 40 g – [18 C 2]	2010/64/II/3	1,90
4	Wolfgang Langenbeck: Über die Funktion der Aminogruppe in der Codecarboxylase 1964. 16 S. – 4 Abb. – 8° – 40 g – [18 C 5]	2010/64/II/4	2,30

Klasse für Bergbau, Hüttenwesen und Montangeologie

Jahrgang 1963

2	Karl-Friedrich Lüdemann / Manfred Drodowsky: Grundlagen der Verhüttung eisenhaltiger Verbrennungsrückstände ostelbischer Braunkohlen und ihre Bedeutung für das Niederschachtofenverfahren in der DDR – Mitteilung aus dem Eisenhütten-Institut der Bergakademie Freiberg i. S. – 1963. 34 S. – 9 Abb. – 8 Tab. – 8° – 60 g – [20 F 7]	2010/63/III/2	4,80
3	Gerald Milde: Stand und Aufgaben hydrogeologischer Forschungen in der Deutschen Demokratischen Republik 1963. 73 S. – 15 Abb., dav. 1 als Falttaf. – 8° – 95 g – [18 F 2]	2010/63/III/3	6,20
4	Helmut Härtig: Wesen und Bedeutung des Tagebaues, sein Stand und seine Entwicklung 1963. 33 S. – 5 Abb. – 10 Tab. – 8° – 40 g – [20 F 1/2]	2010/63/III/4	4,40

Klasse für Medizin

Jahrgang 1963

2	Helmut Kraatz: Medizin als Naturwissenschaft 1963. 39 S. – 20 Abb. – 8° – 75 g – [17 A/18 A]	2010/63/IV/2	6,–

Jahrgang 1964

1	Hermann Redetzky: Christoph Wilhelm Hufeland – Sozialhygieniker und Volkserzieher – Ein großer Arzt und Menschenfreund 1964. 24 S. – 8° – 35 g – [17 A]	2010/64/IV/1	2,60

Klasse für Sprachen, Literatur und Kunst

Jahrgang 1963

5	Leopold Magon: Jacob Grimm – Leistung und Vermächtnis 1963. 19 S. – 8° – 35 g – [7 D/E]	2010/64/V/5	1,95

Jahrgang 1964

1	Johannes Schneider: Das deutsche Vogteiwesen und sein Einfluß auf das mittelalterliche Latein 1964. 45 S. – 8° – 70 g – [7 M]	2010/64/V/1	4,–

		Bestell-Nr.	DM
2	Horst Krüger: Rabindranath Tagore und die revolutionäre Befreiungsbewegung in Indien 1905—1918 1964. 41 S. – 8° – 65 g – [14 F/7 L]	2010/64/V/2	3,35

Klasse für Philosophie, Geschichte, Staats-, Rechts- und Wirtschaftswissenschaften

Jahrgang 1963

3	Fritz Behrens: Zur Definition und Messung der Arbeitsproduktivität 1963. 23 S. – 8° – 40 g – [5 B 4]	2010/63/VI/3	1,95
4	Leo Stern: Der geistige und politische Standort von Jacob Grimm in der deutschen Geschichte 1963. 26 S. – 8° – 55 g – [7 C/14 E]	2010/63/VI/4	2,20

Jahrgang 1964

2	Wolfgang Jonas: Über Probleme der Geschichte der Produktivkräfte 1964. 12 S. – 8° – 35 g – [5 B 2]	2010/64/VI/2	1,50

Sitzungsberichte der Sächsischen Akademie der Wissenschaften zu Leipzig

Philologisch-historische Klasse

Band 108

3	Heinz Rosenkranz / Karl Spangenberg: Sprachsoziologische Studien in Thüringen 1963. 85 S. – 3 Abb. – 1 Diagramm – 13 Karten, dav. 1 Faltkarte – 1 Tab. – 8° – 135 g – [7 D]	2026/108/3	8,30
6	Materialien zum Slawischen Onomastischen Atlas Eingeleitet und redigiert von Rudolf Fischer. Mit einer Bibliographie der Leipziger Namenkundlichen Arbeitsgruppe (3. Folge) 1964. 141 S. – 8 Karten, dav. 2 Faltkarten – 8° – 210 g – [7 I, D]	2026/108/6	11,60

Band 109

2	Siegfried Morenz: Die Heraufkunft des transzendenten Gottes in Ägypten 1964. 58 S. – 2 Abb. auf 2 Taf. – 8° – 80 g – [7 L]	2026/109/2	4,–
3	Walter Baetke: Yngvi und die Ynglinger. Eine quellenkritische Untersuchung über das nordische „Sakralkönigtum" 1964. 182 S. – 8° – 250 g – [7 G]	2026/109/3	11,70

		Bestell-Nr.	DM
4	Johannes Jahn: Die Erschließung der Bildwerke des Naumburger Meisters. Ein Beitrag zur Geschichte der Kunstwissenschaft 1964. 23 S. – 8° – 40 g – [12 D]	2026/109/4	1,70
5	Eberhard Hempel: Goethe zur Aufgabe der Kunstgeschichte 1964. 21 S. – 8° – 45 g – [12 A/7 E]	2026/109/5	1,65

Mathematisch-naturwissenschaftliche Klasse

Band 105

4	Wilhelm Maier: Aus der analytischen Zahlentheorie 1963. 15 S. – 8° – 30 g – [19 B 2]	2027/105/4	2,–
5	Wolfgang Buchheim: Zur Theorie der geoelektrischen Erkundungsmethodik und Systematik der geoelektromagnetischen Effekte 1964. 40 S. – 2 Tab. – 8° – 65 g – [18 E 2]	2027/105/5	4,30
6	Walter Brednow: Christoph Wilhelm Hufeland, Arzt und Erzieher im Lichte der Aufklärung 2., unveränderte Auflage. 1964. 25 S. – 8° – 50 g – [17 A]	2027/105/6	1,65
7	Harald Hilbig: Existenzsatz für begrenzte Potentialströmungen mit Totwasser um ein vorgegebenes Hindernis 1964. 52 S. – 8° – 65 g – [18 B 2/19 B 4]	2027/105/7	5,20

Band 106

1	Egbert Schwarz: Über experimentelle Untersuchungen und klinische Erfahrungen beim alloplastischen Ersatz von Blutgefäßen 1963. 22 S. – 11 Abb. – 8° – 55 g – [17 E, F 1]	2027/106/1	2,45
2	Manfred Gersch: Hormone als Regulatoren von Lebensvorgängen 1963. 24 S. – 12 Abb. – 8° – 50 g – [18 G 1, G 3]	2027/106/2	2,50
3	Rolf Emmrich: Zur Problematik der Leberzirrhose 1964. 16 S. – 5 Abb. – 1 Tab. – 8° – 45 g – [17 D, F 1]	2027/106/3	1,85

Studia Grammatica

[7 B]

II	Manfred Bierwisch: Grammatik des deutschen Verbs 1963. V, 188 S. – gr. 8° – 315 g –	2115/2	(12,–)
III	Wolfgang Motsch: Syntax des deutschen Adjektivs 1964. IV, 141 S. – gr. 8° – 240 g –	2115/3	9,50

Studien zur Kolonialgeschichte und Geschichte der nationalen und kolonialen Befreiungsbewegung

10/11	Kolonialismus und Neokolonialismus in Nordafrika und Nahost 1964. 492 S. – gr. 8° – 810 g – [14 D, E]	2091/10/11	35,–

	Bestell-Nr.	DM

Studien zur Architektur und Kunstwissenschaft

2 Anschauung und Deutung.
Willy Kurth zum 80. Geburtstag
Hrsg. v. Gerhard Strauss
1964. VI, 220 S. – 135 Abb. auf 64 Kunstdrucktaf. – 1 Titelbild – gr. 8° – 500 g – [12 C] 2112/2 45,–

Textausgaben zur frühen sozialistischen Literatur in Deutschland

2 Robert Schweichel: Erzählungen
1964. XIX, 163 S. – 8° – 195 g – [7 E] – Engl. Brosch. 2119/2 14,50

Texte und Untersuchungen zur Geschichte der altchristlichen Literatur

Erik Tidner: Didascaliae Apostolorum Canonum Ecclesiasticorum Traditionis Apostolicae versiones Latinae
1963. XXVI, 183 S. – gr. 8° – 365 g – [7 M] 2030/20 52,–

F. L. Cross: Studia Evangelica. Papers presented to the Second International Congress on New Testament Studies held at Christ Church, Oxford, 1961
Vol. II, Part I: The New Testament Scriptures
1964. XV, 680 S. – gr. 8° – 750 g – [7 M] 2030/30/I 81,–

Über wissenschaftliche Grundlagen der modernen Technik

Bd I–IV siehe Erste Ergänzung: Wissenschaftliche Grundlagen

V Mathematische und physikalisch-technische Probleme der Kybernetik.
Vorträge, gehalten auf der Konferenz der Forschungsgemeinschaft der Deutschen Akademie der Wissenschaften zu Berlin vom 20.–23. 3. 1962 in Berlin-Adlershof
1963. 557 S. – 230 Abb., dav. 1 als Falttaf. und 4 auf 2 Taf. – 2 Falttaf. als Anlagen – 17 Tab. – gr. 8° – 1140 g – [20 K 3] – Halbleinen 2104/A/5/63 55,–

VI Kybernetik in Wissenschaft, Technik und Wirtschaft der Deutschen Demokratischen Republik.
Vorträge und Diskussionsbeiträge, gehalten auf der Konferenz der Kybernetik-Kommission beim Generalsekretär der Deutschen Akademie der Wissenschaften zu Berlin zum Thema „Die Bedeutung der Kybernetik für Wissenschaft, Technik und Wirtschaft in der DDR“ am 16. und 17. 10. 1962 in Berlin
1963. 186 S. – 32 Abb., dav. 1 als Falttaf. – 1 Tab. – gr. 8° – 450 g – [20 K 3] – Halbleinen 2104/A/6/63 (26,–)

	Bestell-Nr.	DM
VII Metallische Spezialwerkstoffe Vorträge, gehalten auf dem Internationalen Kolloquium für metallische Spezialwerkstoffe des Forschungsinstituts aus Anlaß seines 10jährigen Bestehens am 22. und 23. 11. 1962 in Dresden 1963. 212 S. – 125 Abb. – 8 Tab. – gr. 8° – 565 g – [20 F 9] – Halbleinen	2104/A/7/63	38,–
VIII Ausscheidungsvorgänge in Legierungen Vorträge, gehalten auf der Konferenz der Forschungsgemeinschaft der Deutschen Akademie der Wissenschaften zu Berlin, am 29. und 30. 11. 1962 in Berlin-Adlershof 1964. 251 S. – 160 Abb., dav. 4 auf 1 mehrfarb. Taf. – 16 Tab. – gr. 8° – 635 g – [20 F 9] – Halbleinen	2104/A/8/64	46,–
IX Neue Werkstoffe durch pulvermetallurgische Verfahren Vorträge, gehalten auf der Konferenz der Forschungsgemeinschaft der Deutschen Akademie der Wissenschaften zu Berlin, am 10. und 11. 6. 1963 in Berlin-Adlershof 1964. 188 S. – 106 Abb., dav. 32 auf 17 Taf. – 25 Tab. – gr. 8° – 485 g – [20 F 8] – Halbleinen	2104/A/9/64	25,50
X Ziele der metallurgischen Forschung und ihre Bedeutung für das Hüttenwesen Vorträge, gehalten auf der Internationalen Tagung der Sektion für Hüttenwesen der Deutschen Akademie der Wissenschaften zu Berlin am 12. und 13. 2. 1963 in Freiberg/Sa. 1964. 220 S. – 135 Abb., dav. 7 auf 2 Taf. – 17 Tab. – gr. 8° – 580 g – [20 F 7, 9] – Halbleinen	2104/A/10	36,–

Veröffentlichungen der Sternwarte Sonneberg

	Bestell-Nr.	DM
5/5 Gerhard Jackisch: Mikrovariabilität und Zustandsgrößen von hellen Sternen 1963. 104 S. – 43 Abb. – 5 Tab. – gr. 8° – 175 g – [18 D 4]	2006/V/5	15,–

Veröffentlichungen der Sternwarte in Babelsberg

Band XIV

	Bestell-Nr.	DM
5 Klaus Fritze: Untersuchungen zur lichtelektrischen Photometrie enger Doppelsterne 1963. 41 S. – 9 Abb. – 7 Tab. – 4° – 130 g – [18 D 3]	2077/12	6,30
6 Hans Oleak: Gasdynamische Vorgänge im Feuerkugelstadium der Meteore 1963. 68 S. – 20 Abb. – 4° – 200 g – [18 D 3]	2077/13	9,–

Veröffentlichungen des Geodätischen Instituts Potsdam

	Bestell-Nr.	DM
25 Kurt Arnold: Die Freiluftanomalien im europäischen Bereich – (vorläufige Darstellung) 1964. 56 S. – 46 Abb. – 4° – 165 g – [19 C]	2016/25	25,–

Bestell-Nr. DM

26 Dietrich Schoeps: Die Lösung der geodätischen Hauptaufgaben in der Nähe der Erdpole mit Hilfe der stereographischen Polarprojektion
1964. 20 S. – 2 Abb. – 16 Taf. – 4° – 120 g – [19 C] 2016/26 10,50

Veröffentlichungen des Geophysikalischen Instituts der Karl-Marx-Universität Leipzig

XVIII/1 Jubiläumsheft zur 50. Wiederkehr des Gründungstages des Geophysikalischen Instituts und zur 30. Wiederkehr des Gründungstages des Geophysikalischen Observatoriums Collm der Karl-Marx-Universität, Leipzig
1963. 78 S. – 18 Abb. – 8° – 115 g – [18 E 1] 2018/XVIII/1 12,–

XVIII/2 Rudolf Schminder: Ionosphärische Driftmessungen im *E*-Schichtniveau am Geophysikalischen Observatorium Collm – Ein Beitrag zur Zirkulation der Hochatmosphäre
1964. 197 S. – 50 Abb. – 7 Tab. – 8° – 255 g – [18 E 2] 2018/XVIII/2 32,50

Veröffentlichungen des Instituts für Bodendynamik und Erdbebenforschung in Jena

74 Friedrich Gerecke: Seismische Registrierungen in Jena, 1. Januar 1960 bis 31. Dezember 1960
1963. 145 S. – 8° – 195 g – [18 E 2] 2004/74 15,30

75 Friedrich Gerecke / Dorothea Güth: Seismische Registrierungen der Nebenstationen von Jena: Potsdam, Halle, Plauen und Sonneberg 1960
1964. 181 S. – 8° – 240 g – [18 E 2] 2004/75 16,40

77 Internationale Union für Geodäsie und Geophysik, Internationale Assoziation für Seismologie und Physik des Erdinnern: 7. Tagung der Europäischen Seismologischen Kommission vom 24. 9. bis 30. 9. 1962 in Jena, DDR
Hrsg. v. Wilhelm Sponheuer
1964. 284 S. – 101 Abb. – 21 Tab. – gr. 8° – 525 g – [18 E 2] 2004/77 55,–

Veröffentlichungen des Instituts für deutsche Sprache und Literatur

28 Hans Werner Seiffert: Untersuchungen zur Methode der Herausgabe deutscher Texte
1963. 222 S. – 8 Abb., dav. 5 auf 4 Taf. – 1 Falttaf. – 2 Tab. – gr. 8° – 400 g – [1 A/7 E] 2054/62/28 45,–

		Bestell-Nr.	DM
29	Studien zur neueren deutschen Literatur Hrsg. v. Hans Werner Seiffert 1964. 300 S. – gr. 8° – 480 g – [7 E]	2034/62 29	33,50

Veröffentlichungen des Instituts für deutsche Volkskunde

30	Siegfried Neumann: Volksschwänke aus Mecklenburg. Aus der Sammlung Richard Wossidlos 1963. XXVI, 224 S. – gr. 8° – 560 g – [14 G] – Halbleinen	2034/30	12,50
31	Karl Baumgarten / Ulrich Bentzien: Hof und Wirtschaft der Ribnitzer Bauern. Edition und Kommentar des Kloster-Inventariums von 1620 1963. XVIII, 276 S. – 80 Abb., dav. 20 auf 12 Taf. – 38 Tab. – gr. 8° – 700 g – [14 G] – Halbleinen	2034/31	43,–
32	Jacob Grimm zur 100. Wiederkehr seines Todestages. Festschrift des Instituts für deutsche Volkskunde. Hrsg. durch Wilhelm Fraenger und Wolfgang Steinitz 1963. 290 S. – 16 Taf. – gr. 8° – 540 g – [14 G]	2034/32	25,–
33	Hermann Strobach: Bauernklagen. Untersuchungen zum sozialkritischen deutschen Volkslied 1964. VI, 438 S. – 3 Abb. auf 1 Taf. – 9 Karten – gr. 8° – 960 g – [14 G] – Halbleinen	2034/33	48,–

Veröffentlichungen des Instituts für Orientforschung

53	M. M. Green / G. E. Igwe: A Descriptive Grammar of Igbo 1963. XIII, 235 S. – 4° – 685 g – [7 N] (Vertrieb nur in der DDR, Westdeutschland, UdSSR, Polen, CSSR, Ungarn, Bulgarien, Rumänien, Albanien, China)	2013/53	68,–
60	Walter Ruben: Indische Romane. Eine ideologische Untersuchung. Bd I – Einige Romane Bankim Chatterjees und Rabindranath Tagores 1964. X, 308 S. – gr. 8° – 520 g – [7 L, C]	2013/60	53,50
61	Anton von Pforr. Das Buch der Beispiele der alten Weisen. Kritisch herausgegeben nach der Straßburger Handschrift mit den Lesarten aller bekannten Handschriften und Drucke des 15. und des 16. Jahrhunderts, Erster Teil: Text (mittelhochdeutsch) Hrsg. v. Friedmar Geißler 1964. VIII, 162 S. – gr. 8° – 290 g – [7 D, L]	2013/61/1	32,50

Veröffentlichungen des Instituts für Slawistik

27	Rudolf Růžička: Das syntaktische System der altslawischen Partizipien und sein Verhältnis zum Griechischen 1963. XVII, 395 S. – gr. 8° – 670 g – [7 I]	2040/27	65,–

Bestell-Nr. DM

28 Studien zur Geschichte der russischen Literatur des 18. Jahrhunderts
1964. V, 187 S. – gr. 8° – 330 g – [7 I] 2040/28 25,–

29 Slawische Namenforschung. Vorträge auf der II. Arbeitskonferenz der Onomastischen Kommission beim Internationalen Slawistenkomitee in Berlin vom 17. bis 20. Oktober 1961
1963. XII, 285 S. – 9 Landkarten – gr. 8° – 500 g – [7 I] 2040/29 59,–

30 Beiträge zur Geschichte der Slawistik
Hrsg. v. Hans Holm Bielfeldt / K. Horálek
1964. VII, 529 S. – gr. 8° – 900 g – [7 I] 2040/30 98,–

31 Sorbische Volkserzählungen. Gesammelt und bearbeitet von Jerzy Slizinski
1964. XXI, 94 S. – 34 Abb. auf 17 Taf. – 1 Karte – gr. 8° – 250 g – [7 I/8 B] 2040/31 27,–

Sonderreihe Wörterbücher

2 Hans Holm Bielfeldt: Russisch-deutsches Wörterbuch
4., unveränderte Auflage. 1963. XXIII, 1119 S. – gr. 8° – 1610 g – [7 B] 2040-S/2 29,–

Veröffentlichungen des Museums für Völkerkunde zu Leipzig

II, Heft 6 Jahrbuch des Museums für Völkerkunde zu Leipzig, Band XX/1961
1964. 433 S. – 4 S. Tätigkeitsbericht 1962 – 294 Abb., dav. 216 auf 74 Taf. – 5 Karten, dav. 1 Faltkart. – 1 Stammtaf. – 1 mehrfarb. Titelbild – gr. 8° – 880 g – [15 F] 2085/II/6 41,–

Vorträge und Schriften

85 Herbert Lange: Zu einigen ökonomischen Problemen des technischen Fortschritts im Maschinenbau der Deutschen Demokratischen Republik
1963. 50 S. – 10 Abb. – 4 Tab. – 8° – 70 g – [5 B 3] 2003/85 5,70

86 Jürgen Kuczynski: Über einige Probleme der Ausbildung und Bildung des Wissenschaftlers
1963. 23 S. – 8° – 45 g – [1 I/3 A] 2003/86 1,50

87 Leo Stern: Die Rolle der Gesellschaftswissenschaften für den Fortschritt der Gesellschaft
1963. 18 S. – 8° – 55 g – [5 C 1] 2003/87 (1,80)

88 Eberhard Leibnitz: Die Entstehung der fossilen Brennstoffe aus der Sicht des Chemikers
1964. 54 S. – 4 Abb. – 1 Tab. – 8° – 75 g – [20 F 2, 3] 2003/88 4,50

Bestell-Nr. DM

89 Ernst Engelberg: Der umfassende Aufbau des Sozialismus und die Aufgaben der Historiker
1964. 32 S. – 8° – 50 g – [14 A] 2003/89 1,50

Werte der deutschen Heimat

Veröffentlichungen der Kommission für Heimatforschung

6 Das Gleichberggebiet. Ergebnisse der heimatkundlichen Bestandsaufnahme im Gebiet von Haina und Römhild/Thüringen
1963. X, 262 S. – 65 Abb. – 16 Taf. – 1 Übersichtskarte – 8° – 500 g – [15 D] – Ganzleinen 2084/6 16,50

7 Um Altenberg, Geising und Lauenstein. Ergebnisse der heimatkundlichen Bestandsaufnahme im Gebiet von Altenberg und Fürstenwalde
1964. X, 221 S. – 29 Abb. – 16 Taf. – 1 Übersichtskarte – 8° – 475 g – [15 D] – Ganzleinen 2084/7 12,50

Werther-Wörterbuch

Dritte Lieferung: grau bis lieben
1963. 48 S. – 4° – 180 g – [7 D] 3024/3 12,–

Wielands Briefwechsel

Herausgegeben von der Deutschen Akademie der Wissenschaften zu Berlin, Institut für deutsche Sprache und Literatur – Hans Werner Seiffert

1. Band – Briefe der Bildungsjahre (1. Juni 1750 – 2. Juni 1760)
1963. VIII, 574 S. – 2 Taf. – gr. 8° – 1110 g – [7 E] – Ganzleinen 3045/1 67,–

Wissenschaftliche Abhandlungen der Deutschen Akademie der Landwirtschaftswissenschaften zu Berlin

56 Natur, Entwicklung und Wirtschaft einer jungpleistozänen Landschaft dargestellt am Gebiet des Meßtischblattes Thurow (Kreis Neustrelitz). Teil I: Geographische, standörtliche und vegetationskundliche Grundlagen, Ornithologie und Wildforschung. Redaktion A. Scamoni
1963. 340 S. – 3 Abb. – 119 Tab., dav. 1 als Falttab. – 6 einfarb. Karten, dav. 2 als Faltkarten – 2 mehrfarb. Karten – gr. 8° – 675 g – [18 G 2/18 A] 2068/56 62,–

		Bestell-Nr.	DM

Wissenschaftliche Taschenbücher

Reihe Chemie

		Bestell-Nr.	DM
1	Erich Gundermann: Chemie und Technologie des Braunkohlenteers 1964. 152 S. – 10 Abb. – 17 Tab. – 8° – 120 g – [18 C 5/20 M 4]	7012	8,–
2	Gerhard Geppert: Experimentelle Methoden der Molekülspektroskopie 1964. 173 S. – 49 Abb. – 3 Tab. – 8° – 135 g – [18 C 3]	7013	8,–
3	Burkart Philipp: Grundlagen der makromolekularen Chemie 1964. 234 S. – 26 Abb. – 5 Tab. – 8° – 190 g – [18 C 2]	7018	12,50
4	Ulrich Behrens / Manfred Ringpfeil: Mikrobielle Polysaccharide 1964. 160 S. – 24 Abb. – 10 Tab. – 8° – 120 g – [18 C 5]	7019	8,–

Reihe Biologie und Landwirtschaftswissenschaften

	Bestell-Nr.	DM
Hans Tielecke: Pflanzenschutzmittel 1963. 173 S. – 8° – 140 g – [18 G 2/22 F]	7011	8,–
Franz Fukarek: Pflanzensoziologie 1964. 160 S. – 10 Abb. – 10 Tab. – 8° – 130 g – [18 G 2]	7014	8,–
Martin Schmidt: Pflanzenschutz im Gartenbau 1964. 158 S. – 22 Abb. – 8° – 130 g – [18 G 2/22 F]	7016	8,–

Reihe Sprachwissenschaft

	Bestell-Nr.	DM
Rudolf Fischer / Ernst Eichler / Horst Naumann /Hans Walther: Namen deutscher Städte 1963. 139 S. – 1 Karte – 8° – 135 g – [7 I, D]	7010	8,–
Wolfgang Fleischer: Die deutschen Personennamen Geschichte, Bildung und Bedeutung 1964. 238 S. – 8° – 200 g – [7 D]	7020	12,50
Hans Joachim Gernentz: Niederdeutsch – gestern und heute. Beiträge zur Sprachsituation in den nördlichen Bezirken der DDR in Geschichte und Gegenwart 1964. 202 S. – 8 Karten – 2 Tab. – 8° – 180 g – [7 D]	7015	12,50

Wörterbuch der deutschen Gegenwartssprache

[7 D]

	Bestell-Nr.	DM
7. Lieferung: bei[2] – Bestechlichkeit 1963. II, 80 S. – gr. 8° – 170 g	3035/7	4,–
8. und 9. Lieferung: Bestechung – chevaleresk 1963. II, 160 S. – gr. 8° – 300 g	3035/8–9	8,–

Bestell-Nr. DM

Wörterbuch der deutschen Tiernamen

[7 D/18 G 3]

2. Lieferung: Insekten 1964. 64 S. – 4° – 170 g –	3044/2	18,–

Notizen

III

ZEITSCHRIFTEN

ABKÜRZUNGEN:

Hrsg. v. = Herausgegeben von	S. = etwa ... Seiten je Heft
Abb. = mit Abbildungen	ca. = etwa
Bd. = Band	Formatangaben in cm

ERSCHEINUNGSWEISE:

Zahl mit Zusatz m = Ausgaben im Monat
Zahl mit Zusatz vj = Ausgaben im Vierteljahr
Zahl mit Zusatz hj = Ausgaben im Halbjahr
Zahl mit Zusatz j = Ausgaben im Jahr

Bestell-Nr. DM

Berichte der Geologischen Gesellschaft

Sonderheft 1.

1963. Probleme des Wassers bei der Gesteins- und Lagerstättenbildung
1963. 226 S. – 75 Abb. – 11 Tab. – gr. 8° – 400 g – [18 F 2] 1037/VIII/S 1 15,–

Feddes repertorium novarum regni vegetabilis

Beiheft 140:

Beiträge zur Vegetationskunde, Band V
Hrsg. v. A. Scamoni
1963. 199 S. – 9 Abb., dav. 3 auf 2 Taf. – 1 Faltkarte – 58 Tab. – gr. 8° – 335 g – [18 G 2] 1021/B 140 40,–

Fortschritte der Physik

Sonderband 5. Rolf Hagedorn: Introduction to Field Theory and Dispersion Relations
1963. VIII, 127 S. – 34 Abb. – gr. 8° – 240 g – [18 B 7] 5501 21,–
(Vertrieb nur in der DDR, DBR und den sozial. Ländern)

Zeitschriften

Bestell-Nr. DM

Geologie — Beihefte

39 Wilfried Krutzsch / Dieter Lotsch: Gliederung und Parallelisierung der Ablagerungen des höheren Eozäns und des tieferen und mittleren Oligozäns in West- und Mitteleuropa und die Lage der Eozän/Oligozän-Grenze in diesem Gebiet
1963. 63 S. — 1 Abb. — 5 Tab. — gr. 8° — 230 g — [18 F 2] 1022/B 39 9,30

40 Fritz Reuter: Die regionalgeologische Stellung der Flechtingen-Roßlauer Scholle
1964. 66 S. — 14 Abb., dav. 2 auf 2 Falttaf. — 3 Tab. — gr. 8° — 165 g — [18 F 2] 1022/B 40 9,90

41 Kurt Ruchholz: Stratigraphie und Fazies des Devons der mittleren Harzgeröder Faltenzone im Unterharz und westlich Wernigerode
1964. 119 S. — 40 Abb., dav. 1 Falttaf. — 16 Abb. auf 5 Taf. — gr. 8° — 270 g — [18 F 2] 1022/B 41 14,—

Internationale Revue der gesamten Hydrobiologie

Beiheft 2:

Ralph O. Brinkhurst: Taxonomical Studies on the Tubificidae (Annelida, Oligochaeta)
1963. 89 S. — 59 Abb. — gr. 8° — 195 g — [18 G 3] 1071/B 2 20,50

Kühn-Archiv

Arbeiten aus der Landwirtschaftlichen Fakultät der Martin-Luther-Universität Halle-Wittenberg.
Hrsg. im Auftrage der Fakultät von Hans Stubbe und Gustav Könnecke
77. Band, Heft 3/4
1964. 194 S. — 11 Abb. — 66 Tab. — 2 Taf. — gr. 8° — 380 g — [22] 1075/77/3—4 33,50

physica status solidi

1 Band (3 Hefte) vj Bandpreis 60,—
(Wird nicht nach den USA, England und dem Commonwealth, Afrika, Indien, Japan, Südamerika geliefert)

Physikalische Berichte

Sonderband 1963 (2 Hefte Referate und 1 Register-Heft)
1964. 1038 S. — 14,8 × 21 cm — 1250 g — [18 B] 1008/SB 49,—

Nachtrag
zum Verzeichnis
der Bestellnummern und deren Bedeutung

		DM
	ZEITSCHRIFTEN	
1074	Sowjetische Beiträge z. Faserforschung u. Textiltechnik	
1075	Kühn-Archiv	
1076	Elektronische Informationsverarbeitung und Kybernetik	
	SCHRIFTENREIHEN	
2123	Fortschritte der Wasserchemie u. ihrer Grenzgebiete	
2124	Beiträge z. Geschichte d. religiösen u. wissenschaftl. Denkens	
2125		
2126	Bausteine z. Sprachgeschichte des Neuhochdeutschen	
	FORTSETZUNGSWERKE	
3046	Deutsches Arzneibuch	
3047	Corpus vasorum antiquorum, Gotha, Schloßmuseum	
	PHILOSOPHISCHE STUDIENTEXTE	
4031		
4032	Hegel, Phänomenologie des Geistes	
	EINZELWERKE	
5506	Kon, Die Geschichtsphilosophie d. 20. Jahrhunderts, I	20,–
5518	Sobolew, Einige Anwendungen der Funktionalanalysis	25,–
5532	Stiehler, Die Dialektik in Hegels „Phänomenologie d. Geistes“	14,50
5533	Gräfe, Optimale Ernährungsbilanzen für Leistungssportler	39,–
5542	Byzantinistische Beiträge	56,–
5543	Beyer, Hegel-Bilder	24,50
5544	Baktay, Die Kunst Indiens	75,–
5545	Chromow, Kombinierte Strahlenschädigungen	38,–
5546	Anselm, Einführung in die Halbleitertheorie	44,–
5549	Wygotski, Denken und Sprechen	26,50

Verzeichnis der Bestellnummern und deren Bedeutung

		DM
5551	Politik im Krieg 1914–1918	14,50
5553	Ziegengeist, Kritische Beiträge über Slawistik	25,–
5556	Das Institut für Kulturpflanzenforschung	6,–

WISSENSCHAFTLICHE TASCHENBÜCHER

7011	Tielecke, Pflanzenschutzmittel	8,–
7012	Gundermann, Chemie und Technologie des Braunkohlenteers	8,–
7013	Geppert, Experimentelle Methoden der Molekülspektroskopie	8,–
7014	Fukarek, Pflanzensoziologie	8,–
7015	Gernentz, Niederdeutsch – gestern und heute	12,50
7016	Schmidt, Pflanzenschutz im Gartenbau	8,–
7017	Palissa, Bodenzoologie	
7018	Philipp, Grundlagen der makromolekularen Chemie	12,50
7019	Behrens/Ringpfeil, Mikrobielle Polysaccharide	8,–
7020	Fleischer, Die deutschen Personennamen	12,50
7021	Borsdorf/Scholz, Spektroskopische Methoden in der organischen Chemie	
7022	Kempter, Sturktur und Synthese von Vitaminen	

GEMEINSCHAFTSAUSGABEN

8021	Sauter, Festkörperprobleme, Bd II	64,–
8022	Andrusov, Geologie der tschechoslowakischen Karpaten	46,50

V/1/8 - Ag 05/767/64

FSC
www.fsc.org
MIX
Papier | Fördert gute Waldnutzung
FSC® C083411

Kolibri 360 GmbH
Ferdinand-Jühlke-Straße 7
99095 Erfurt, Deutschland
produktsicherheit@kolibri360.de